黑龙江省精品图书出版工程专项资金资助

中国经济树木

（1）

主编
·
纪殿荣 孙立元 刘传照

东北林业大学出版社
Northeast Forestry University Press
·哈尔滨·

图书在版编目（CIP）数据

中国经济树木.1 / 纪殿荣，孙立元，刘传照主编. — 哈尔滨：
东北林业大学出版社，2015.12

ISBN 978-7-5674-0689-6

Ⅰ.①中… Ⅱ.①纪… ②孙… ③刘… Ⅲ.①经济植物—树种—
中国—图集 Ⅳ.①S79-64

中国版本图书馆CIP数据核字(2015)第316175号

责任编辑：戴　千　姚大彬
责任校对：刘剑秋
技术编辑：乔鑫鑫
封面设计：乔鑫鑫
出版发行：东北林业大学出版社
　　　　　（哈尔滨市香坊区哈平六道街6号　邮编：150040）
印　　装：哈尔滨市石桥印务有限公司
开　　本：889mm×1194mm　1/16
印　　张：13.5
字　　数：160千字
版　　次：2017年1月第1版
印　　次：2017年1月第1次印刷
定　　价：280.00元

《中国经济树木 ⑴》
编委会

主　编：纪殿荣　孙立元　刘传照

主　审：聂绍荃　石福臣

副主编：秦淑英　张树平

参　编：吴京民　纪惠芳　宋　珍　唐秀光　李彦慧

　　　　曹振池　李景文　聂江城　雷淑香

摄　影：纪殿荣　纪惠芳

前 言 PREFACE

　　我国疆域辽阔，地形复杂，气候多样，森林树木种类繁多。据统计，我国有乔木树种2000余种，灌木树种6000余种，还有很多引种栽培的优良树种。这些丰富的树木资源，为发展我国林果业、园林及其他绿色产业提供了坚实的物质基础，更在绿化国土、改善生态环境方面发挥着不可代替的作用。

　　由于教学和科学研究工作的需要，编者自20世纪80年代初开始，经过30余年的不懈努力，深入全国各地，跋山涉水，对众多的森林植被和树木资源进行了较为系统的调查研究，并实地拍摄了数万幅珍贵图片，为植物学、树木学的教学、科研提供了翔实、可靠的资料。为了让更多的高校师生及科技工作者共享这些成果，我们经过认真鉴定，精选出我国具有重点保护和开发利用价值的经济树木资源，编撰成了"中国经济树木"大型系列丛书，以飨读者。

　　本套丛书以彩色图片为主，文字为辅；通过全新的视角、精美的图片，直观、形象地展现了每个树种的树形、营养枝条、生殖枝条、自然景观、造景应用等；还对每个树种的中文名、拉丁学名、别名、科属、形态特征、生态习性和主要用途等进行了扼要描述。

　　本套丛书具有严谨的科学性、较高的艺术性、极强的实用性和可读性，是一部农林高等院校师生、科研及生产开发部门的广大科技工作者和从业人员鉴别树木资源的大型工具书。

　　本套丛书的特色和创新体现在图文并茂上。过去出版的图鉴类书的插图多是白描墨线图，且偏重于文字描述，而本套丛书则以大量精美的图片替代了繁杂的文字描述，使每种树木直观、真实地跃然纸上，让读者一目了然，这样就从过去的"读文形式"变成了"读图形式"，大大提高了图书的可读性。

　　本套丛书的分类系统：裸子植物部分按郑万钧系统排列，被子植物部分按恩格勒系统排列（书中部分顺序有所调整）。全书分六卷，共选取我国原产和引进栽培的经济树种120余科，1240余种（含亚种、变种、变型、栽培变种），图片4200幅左右。其中（1）、（2）卷共涉及树木近60科，380余种，图片1200幅左右；（3）、（4）卷共涉及树木近90科，420余种，图片1500幅左右；（5）、（6）卷共涉及树木80余科，440余种，图片1500幅左右。为了方便读者使用，我们还编写了中文名称索引、拉丁文名称索引及参考文献。

　　本套丛书在策划、调查、编撰、出版过程中得到河北农业大学、东北林业大学的领导、专家、教授的大力支持和帮助，得到了全国各地自然保护区、森林公园、植物园、树木园、公园的大力支持和协助，还得到了孟庆武、李德林、黄金祥、祁振声等专家的指导和帮助，在此，对所有关心、支持、帮助过我们的单位、专家、教授表示真诚的感谢。

　　限于我们的专业水平，书中不当之处在所难免，敬请读者批评指正。

编 者

2016 年 12 月

目　录　CONTENTS

雌球花枝

树 皮

行道树景观

银杏科 GINKGOACEAE

银杏 *Ginkgo biloba* L.

　　银杏科银杏属落叶乔木，高达 40 m，胸径达 4 m。枝分长枝和短枝；叶在长枝上螺旋状散生，在短枝上簇生。叶片扇形，顶端 2 裂或波状，2 叉脉，有长柄。雌雄异株，稀同株；雄球花柔荑花序状；雌球花有长柄，柄端常分 2 叉，稀多叉，顶端生珠座，各生 1 胚珠。种子核果状，近球形，长 2.5～3.5 cm，杏黄色，中种皮骨质，白色，胚乳丰富。花期 3～4 月；种子成熟期 9～10 月。

　　中国特有种。浙江天目山有野生，沈阳以南广泛栽培，江苏最多。

　　木材优良，可作为雕刻、图板等用材；种子炒食或制成银杏茶等，或入药；叶含双黄酮，可治疗心血管病；可作为行道树、风景树和经济林等。

雄球花枝

树 形

种 子

种子和长短枝

景 观

树 形

树 皮

松科 PINACEAE

臭冷杉

Abies nephrolepis (Trautv.) Maxim.

　　松科冷杉属常绿乔木，高达 30 m，胸径约 50 cm；树皮灰色，有树脂瘤。1 年生枝淡灰褐色，密被短柔毛。叶条形，螺旋状互生，常排成 2 列，长 1～3 cm，宽约 1.5 mm，营养枝叶顶端凹缺或 2 裂，表面中脉凹下，背面有 2 条白色气孔线；树脂道 2，中生。球果圆柱形，长 4～9 cm，直径 2～3 cm，熟时紫褐色，种鳞肾形，脱落，背面露出部分被短毛；苞鳞较短，顶端不露或微露。花期 4～5 月；球果成熟期 9～10 月。

　　产于我国东北、河北、山西；生于海拔 1000～2600 m 的地带。极耐阴，耐水湿，浅根性，易风倒，生长较慢。

　　木材松软，可作为建筑、家具和造纸等用材；树皮含树脂，可提制冷杉胶，是光学仪器胶黏剂。

雄球花枝

球 果

叶 枝

沙冷杉 *Abies holophylla* Maxim.

松科冷杉属常绿乔木，高达 40 m，胸径约 1 m；幼树皮不裂，老时浅纵裂。1 年生枝淡黄色或淡黄褐色，无毛，有光泽。叶条形，长 2～4 cm，宽 1.5～2.5 mm，顶端锐尖，表面中脉下凹，背面中脉两侧有白色气孔带；树脂道 2，中生。球果圆柱形，长 6～14 cm，直径 3.5～4 cm，熟时黄褐色或淡褐色，脱落；中部种鳞扇状四边形；苞鳞短，不外露。花期 4～5 月；球果成熟期 9～10 月。

产于黑龙江老爷岭、吉林长白山、辽宁东部山区，北京有栽培；生于海拔 500～1200 m 的地带。半阴性树种，喜冷湿气候，耐寒，喜酸性土壤。

木材是冷杉属中最佳者，可作为建筑、家具和造纸用材；种子含油率达 30%，供制油漆等用；叶可提取芳香油。

树 皮

树 形

树 形

球果枝

树 皮

景 观

红皮云杉 *Picea koraiensis* Nakai

　　松科云杉属常绿乔木，高达 30 m，胸径约 80 cm；树冠尖塔形；树皮灰褐色或红褐色，不规则长条片状脱落，裂缝常呈红褐色。1 年生枝淡黄褐色，无白粉，无毛或几无毛，基部宿存芽鳞先端向外反卷。叶四棱状条形，长 1.2 ～ 2.2 cm，表面每边 5 ～ 8 条气孔线，背面每边 3 ～ 5 条气孔线。球果卵状圆柱形，长 5 ～ 8 cm，直径 2.5 ～ 3.5 cm，中部种鳞露出部分宽约为高的 2 倍，先端圆形或钝三角形，无明显纵纹。花期 5 ～ 6 月；球果成熟期 9 ～ 10 月。

　　我国东北、内蒙古、北京、上海等地有栽培。稍耐阴，生长快，喜湿润土壤。

　　木材轻软，可作为建筑、航空、造船、家具、造纸等用材；为速生用材树种。

球果枝

树形

叶枝

树皮

云杉 *Picea asperata* Mast.

松科云杉属常绿乔木，高达45 m，胸径约1 m。1年生枝淡黄褐色或红褐色，有柔毛或无毛。叶枕粗壮，常有白粉，小枝基部宿存芽鳞反卷。叶四棱状条形，微弯，长1～2 cm，先端急尖，表面各边有4～8条气孔线，背面各边有4～6条气孔线。球果圆柱形，长5～16 cm，熟时栗褐色，中部种鳞露出部分宽大于高，先端圆形，有纵纹。花期4～5月；球果成熟期9～10月。

中国特有种。产于甘肃、陕西和四川等地，北京、上海、厦门等地植物园有栽培；生于海拔2400～3600 m的地带。喜冷凉气候，生长较慢。

木材轻软，有弹性，可作为建筑、航空器材、乐器和造纸等用材；为用材林和风景林的树种。

球果枝

白杆 *Picea meyeri* Rehd. et Wils.

松科云杉属常绿乔木,高达30 m,胸径约60 cm;树冠塔形。1年生枝黄褐色,常有毛,具叶枕,宿存基部的芽鳞先端反曲或开展。叶螺旋状排列,四棱状条形,微弯,先端钝,表面各边有6～9条气孔线,背面各边有3～5条气孔线,雌雄同株。球果下垂,圆柱形,长5～9 cm,直径2.5～3.5 cm,熟时黄褐色;种鳞背面有条纹。花期4～5月;球果成熟期9～10月。

中国特有种。产于内蒙古、河北、山西、陕西,华北各地城市有栽培;生于海拔1500～2700 m的地带。较喜光,喜中性或微酸性土壤。

木材轻软,可作为建筑、家具和造纸等用材;为山地造林或园林观赏树种。

白杆林

树形

树皮

青杆 *Picea wilsonii* Mast.

　　松科云杉属常绿乔木，高达50 m，胸径达1.3 m；树冠塔形。1年生枝淡黄灰色，2～3年生枝灰白色，常无毛，有叶枕，基部宿存芽鳞不反曲。叶较白杆细密，螺旋状排列，四棱状条形，微扁，较短，长0.8～1.5 cm，稀1.8 cm，先端尖，四面各有气孔线4～6条。雌雄同株。球果下垂，卵状圆柱形，长4～8 cm，直径2.5～4 cm，熟时黄褐色；种鳞背面无明显条纹。花期4月；球果成熟期10月。

　　中国特有种。产于内蒙古、河北、山西、陕西、甘肃、青海、湖北、四川，华北各地城市有栽培；生于海拔1400～2800 m的地带。喜光，稍耐阴，喜冷凉气候，适生于中性、酸性或微钙性土壤。

　　木材轻软，可作为建筑和造纸等用材；为造林和观赏树种。

树 形

树 皮

雄球花枝

球果枝

景 观

树 形

球果枝

青海云杉 *Picea crassifolia* Kom.

　　松科云杉属常绿乔木，高达23 m，胸径可达60 cm。1年生枝红褐色，有毛或近无毛，有叶枕。叶螺旋状着生，小枝两侧和下面的叶向上弯伸，叶四棱状条形，长1～3.5 cm，宽2～3 mm，先端钝尖或钝，叶表面各边有5～7条气孔线，背面各边有4～6条气孔线。球果单生于侧枝顶端，下垂，圆柱形，幼果紫红色，熟前种鳞背部变绿，上部边缘仍呈紫红色，熟时褐色，长7～11 cm；种鳞倒卵形，上部圆形。花期4～5月；球果成熟期9～10月。

　　产于青海、甘肃、宁夏，呼和浩特有栽培，生长良好。喜光、耐寒、耐旱，生长快。

　　木材优良，可作为建筑、造船、航空器材等用材；为重要造林树种和城市绿化树种。

雄球花枝

树形

紫果云杉

Picea purpurea Mast.

松科云杉属常绿乔木，高达 50 m，胸径约 1 m。1 年生枝黄色或淡褐黄色，密生短柔毛，有叶枕。叶螺旋状着生，多为辐射状斜展，扁四棱状条形，直或微弯，长 0.5～1.2 cm，宽约 1.6 mm，先端微尖或微钝，表面各边有 4～6 条气孔线，背面常无气孔线。球果单生于侧枝顶端，下垂，圆柱状长卵形或椭圆形，长 3～6 cm，成熟前后均为紫黑色或淡红紫色；种鳞斜方状卵形，边缘波状。花期 4 月；球果成熟期 10 月。

产于青海东部、甘肃南部、四川北部。喜阴湿，耐高寒和较干燥气候，生长慢，寿命长。

木材为本属中最佳者，可作为航空器材、乐器、高级家具等用材；为分布区内重要造林树种。

球果枝

叶 枝

景 观

球 果

树 皮

兴安落叶松

Larix gmelini (Rupr.) Rupr.

松科落叶松属落叶乔木，高达35 m，胸径约90 cm；树皮灰色，块状脱落，内皮紫红色。1年生枝较细，直径约1 mm，淡黄色，无毛或散生长毛。叶条形，长1.5～3 cm，宽0.7～1 mm，在长枝上螺旋状散生，在短枝上簇生。球果卵圆形或椭圆形，长1.2～3 cm，直径1～2 cm，较小，熟时黄褐色；种鳞14～25，中部种鳞五角状卵形，顶端平或微凹。花期5～6月；球果成熟期9～10月。

产于大、小兴安岭，黑龙江牡丹江、内蒙古东部、河北塞罕坝有引种栽培，生长优于华北落叶松；生于海拔300～1600 m的地带。极喜光，耐严寒，生长快。

木材可作为建筑、装饰材料、造纸等用材；为我国东北等地速生用材林树种。

树 皮

球果枝

长白落叶松

Larix olgensis Henry

　　松科落叶松属落叶乔木，高达 30 m，胸径约 1 m；树冠塔形。1 年生枝细长，直径约 1 mm，淡红色或淡褐色，有毛或无毛。叶倒披针状条形，长 1.5～2.5 cm，宽约 1 mm。球果长卵圆形，长 1.5～2.0 cm，直径 1～2 cm，熟前淡红紫色，熟时淡褐色，种鳞 16～40，中部种鳞四方形或方圆形，长宽近相等，背面有腺状疣和短毛；苞鳞短，不露出；种子倒卵形，长 3～4 mm，连翅长约 9 mm。花期 5 月；球果成熟期 10 月。

　　产于吉林长白山，黑龙江有少量分布和栽培；生于海拔 500～1800 m 的地带。喜光，生长快，适应性强。

　　木材硬度中等，耐水湿，可作为建筑、造船、家具等用材；为速生用材和庭园绿化树种。

树 形

球果枝

树形

树皮

华北落叶松 *Larix principis-rupprechtii* Mayr

　　松科落叶松属落叶乔木，高达 30 m，胸径约 1 m；树皮灰褐色，不规则块状纵裂。1 年生小枝淡褐色，直径 1.5～2.5 mm，幼时有毛，有白粉，后渐脱落。叶条形，长 2～3 cm，宽约 1 mm，在长枝上螺旋状散生，在短枝上簇生。球果卵圆形，长 2～4 cm，直径约 2 cm，熟时淡红褐色；种鳞 26～45，中部种鳞五角形，顶端平或微凹，边缘具不规则细齿。花期 4～5 月；球果成熟期 9～10 月。

　　中国特有种。产于河北、北京、山西等地，东北、西北有引种栽培；生于海拔 1200～2600 m 的地带。极喜光，极耐寒，生长快，寿命长。

　　木材耐腐朽，可作为建筑、造船、装饰材料等用材；为我国华北高山速生用材树种。

树形

树形

红松
Pinus koraiensis Sieb. et Zucc.

　　松科松属常绿乔木，高达 36 m，胸径约 1 m；树皮红褐色或灰褐色，不规则鳞片状剥落，内皮红褐色；树冠圆锥形。1 年生枝密被柔毛。针叶 5 针一束，长 6 ～ 12 cm；单维管束，树脂道 3，中生；叶鞘早落。球果圆锥状卵形，长 9 ～ 20 cm，直径 6 ～ 10 cm，成熟后不开裂；种鳞顶端向外反曲，鳞脐顶生；种子倒卵状三角形，长 1.2 ～ 1.8 cm，无翅。花期 6 月；球果成熟期翌年 9 ～ 10 月。

　　产于黑龙江小兴安岭、吉林长白山、辽宁宽甸等地；生于海拔 300 ～ 1200 m 的地带。喜光，喜温凉湿润气候，喜深厚肥沃微酸性土壤。

　　木材软硬适中，易加工，可作为建筑、装饰材料、家具等用材；种子可食用或入药；为优良用材树种。

叶　枝

球　果

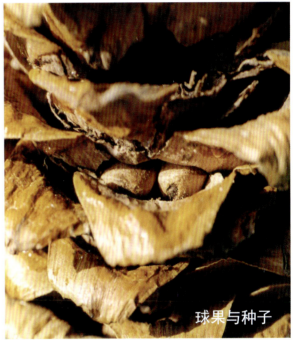

球果与种子

原始红松林

松　科 树　皮

树 形

偃松

Pinus pumila (Pall.) Regel

松科松属常绿灌木,高3～6m;树干常卧地面生长。1年生枝褐色,密被柔毛。针叶5针一束,较细短,长4～8cm,直径0.6～1mm;单维管束,树脂道2,稀1,边生;叶鞘早落。球果小,卵状圆锥形,长3～4.5cm,紫褐色;种鳞不张开或微张开,顶端微反曲,鳞盾宽三角形,鳞脐顶生,紫黑色;种子三角状卵形,长7～10mm,无翅。花期6～7月;球果成熟期翌年9～10月。

产于内蒙古大兴安岭,黑龙江大、小兴安岭,吉林长白山;生于海拔1000～1800m岩石裸露山地形成的矮曲林。耐高寒气候和瘠薄土壤。

种子可食用;为水土保持、庭园绿化和盆景树种。

叶 枝

树形

西伯利亚红松（新疆五针松）
Pinus sibirica (Loud.) Mayr

松科松属常绿乔木，高可达 44 m，胸径可达 2 m；幼树树皮直到胸径近 10 cm 仍青灰色光滑，老熟后暗褐色纵裂。小枝毛淡黄色。叶 5 针一束，针叶腹面气孔腺 3～6。球果较小，长 6(13) cm，粗 5(8) cm，淡褐色至暗紫色；种子略小，长 1.1(1.6) cm。花期 6～7 月；球果熟期翌年 8～9 月。

主产于俄罗斯西伯利亚地区。我国仅新疆阿勒泰高山少有分布，大兴安岭西北隅有散生木。生物学习性颇似红松，极耐寒并较耐湿。

木材、种子皆略似红松，材果兼优；松脂亦为上好的化工原料，其松林为紫貂、灰鼠等软毛皮兽最佳栖息场所。

种 子

球 果

原始林

雌球花枝

乔松（喜马拉雅松）
Pinus griffithii McClelland

　　松科松属常绿乔木，高达70 m，一般高约40 m，胸径约2 m；树冠宽塔形。1年生枝绿色，无毛，微有白粉。针叶5针一束，细柔下垂，长10～20 cm，背面苍绿色，腹面每侧具数条气孔线；单维管束，树脂道3，边生，稀1个中生；叶鞘早落。球果圆柱形，长15～25 cm，直径3～5 cm，淡褐色，开裂，鳞盾菱形，微呈蚌壳状隆起，不反曲，鳞脐顶生，内曲；种子椭圆形，长7～8 mm，种翅长2～3 cm。花期4～5月；球果成熟期翌年11月。

　　产于云南、西藏，秦皇岛、北京等地有栽培；生于海拔1200～3300 m的地带。喜光，生长快。

　　木材优良，纹理直，有韧性，可作为建筑、桥梁、家具等用材；为珍贵风景园林和速生树种。

球果枝

树形

叶枝

球果枝

叶 枝

雌球花枝

树 形

华山松

Pinus armandii Franch.

　　松科松属常绿乔木，高达35m，胸径约1m；幼时树皮光滑，老时灰褐色，龟甲状开裂。小枝灰绿色，平滑无毛。针叶5针一束，长8～15 cm；柔软；单维管束，树脂道3，中生或背面2个边生；叶鞘早落。球果圆锥状长卵形，长10～20 cm，熟时淡黄褐色，种鳞张开，顶端不反卷，鳞脐顶生；种子倒卵形，长1～1.5 cm，无翅或具极短翅。花期4～5月；球果成熟期翌年9～10月。

　　产于山西、河南、陕西、甘肃、青海、四川、湖北、西藏、贵州、云南、台湾等地，北京、天津、河北等地有栽培；生于海拔1000～3000 m的地带。

　　木材轻软，可作为建筑、胶合板、家具等用材；种子可食用或榨油；为优良园林和用材树种。

树 形

白皮松

Pinus bungeana Zucc. ex Endl.

松科松属常绿乔木，高达30 m，胸径约1.3 m；树皮幼时灰绿色，鳞片状剥裂，老时粉白色斑驳。小枝灰绿色，无毛。针叶3针一束，粗硬，长5～10 cm；叶鞘早落。球果卵圆形，长5～7 cm，直径4～6 cm，成熟时淡黄褐色，开裂，鳞盾肥厚，横脊明显，鳞脐背生，有短刺；种子倒卵形，长约1 cm，有短翅。花期4～5月；球果成熟期翌年9～10月。

中国特有种。产于山西、陕西、甘肃、河南、湖北、四川，北京、天津、河北、山东等地有栽培；生于海拔500～1800 m的地带。喜光，喜干冷气候，生长快，寿命长，抗SO_2及烟尘力强。

材质较脆，供制作家具和文具等用；种子可食用或入药；树形挺拔苍翠，树皮白色，为观赏或造林树种。

雄球花枝

球果枝

雌球花枝

树 皮

叶枝

球果枝

树皮

西黄松（美国黄松）
Pinus ponderosa Dougl. ex Laws.

　　松科松属常绿乔木，原产地高可达70 m，胸径约 4 m；树皮黄色或暗红褐色，不规则鳞片状剥落。小枝粗壮，暗橙褐色。针叶 3 针一束，稀 2～5 针，长 12～36 cm，直径 1～1.5 mm，粗硬，扭曲，有细齿；双维管束，树脂道 5，中生；叶鞘宿存。球果卵状圆锥形，长 7～20 cm，直径 3.5～5 cm，鳞盾淡红褐色或黄褐色，横脊隆起，鳞脐有向后反曲的粗刺；种子长卵圆形，长 7～10 mm，种翅长 2.5～3 cm。

　　原产于北美洲。我国黑龙江哈尔滨，辽宁熊岳、旅顺、大连、锦州，江苏南京，河南鸡公山，江西庐山植物园等地有栽培，生长良好。

　　边材白色，心材淡红色，纹理直，可作为建筑、装饰材料等用材；为绿化观赏树种。

树形

树 形

雄球花枝

雌球花枝

球果枝

油松 *Pinus tabulaeformis* Carr.

松科松属常绿乔木，高达 25 m，胸径约 1 m；老时树冠盘状或伞形；树皮灰褐色，鳞片状开裂。1 年生枝淡红褐色，无毛。针叶 2 针一束，长 10～15 cm，粗硬；双维管束，树脂道 5～8，边生；叶鞘宿存。雌雄同株。球果卵形，长 4～9 cm，熟时淡褐色，开裂；鳞盾肥厚，横脊显著，鳞脐有刺；种子卵形，长 6～8 mm，淡褐色，翅长约 1 cm。花期 4～5 月；球果成熟期翌年 10 月。

中国特有种。产于内蒙古、吉林、辽宁、河北、河南、山东、山西、陕西、甘肃、宁夏、青海、四川等地；生于海拔 500～2700 m 的地带。名胜古迹处习见。

木材坚硬，可作为建筑、家具、装饰材料等用材；为园林绿化和我国华北、西北中海拔地带重要造林树种。

雾灵山裸岩油松林

树 皮

球果枝

景 观

树 形

树 皮

樟子松 *Pinus sylvestris* var. *mongolica* Litv.

　　松科松属常绿乔木，高达30 m，胸径约1 m；树皮灰褐色，鳞片状脱落，内皮金黄色。1年生枝淡黄褐色，无毛。针叶2针一束，短粗，常扭曲，长4～9 cm；双维管束，树脂道6～11，边生；叶鞘宿存。球果长卵形，熟时淡褐色，长3～6 cm，鳞盾斜方形，特别隆起，纵横脊明显，鳞脐突起；种子长卵形，长4.5～5.5 mm，具长翅。花期5～6月；球果成熟期翌年9～10月。

　　产于大、小兴安岭和内蒙古。河北塞罕坝有人工林，生长良好。喜光，生长快，喜夏凉冬冷气候，对土壤要求不严。

　　材质较细，纹理直，可作为建筑、家具、装饰材料等用材；为防风固沙、"四旁"绿化和用材树种。

树 形

黑皮油松

Pinus tabulaeformis var. *mukdensis* Uyeki

　　松科松属常绿乔木。与油松主要不同点是主干下部显著黑褐色，2年生以上枝条灰褐色或深灰色。

　　产于辽宁沈阳、鞍山，河北围场和承德，哈尔滨有栽培。

　　木材坚硬，可作为建筑、家具、装饰材料等用材；树干可割取树脂，提制松节油。

球果枝

景 观

树 皮

树 形

树 皮

叶 枝

球果枝

树 形

长白松（美人松）

Pinus densiflora var. *sylvestriformis* (Takenouchi) Cheng et C. D. Chu

松科松属常绿乔木，高达 30 m，胸径约 40 cm，稀 1 m；树干通直，树皮棕褐色带黄色，龟裂，但树干上部树皮黄色至金黄色，鳞片状剥落。1 年生枝淡褐色，无白粉。针叶 2 针一束，短，长 5～8 cm，直径 1～1.5 mm，较粗硬。幼球果半下垂，成熟球果卵状椭圆形，长 4～5 cm，紫褐色，鳞盾斜方形或多角形，常显著隆起呈角脊状，鳞脐背生，具易落短刺；种子长卵圆形，长约 4 mm，连翅长约 2 cm。

产于吉林长白山北坡海拔 800～1600 m 处，二道白河有小片纯林。哈尔滨和吉林西部有栽培，生长良好。

材质好，耐腐朽，可作为建筑、家具等用材。

黑松 *Pinus thunbergii* Parl.

松科松属常绿乔木，高达 30 m，胸径达 2 m；树皮黑褐色，鳞状厚片剥裂。1 年生枝淡褐黄色，无毛，冬芽银白色。针叶 2 针一束，深绿色，粗硬，长 6～12 cm，直径约 1.5 mm；双维管束，树脂道 6～11，中生；叶鞘宿存。球果卵圆形，长 4～6 cm，成熟时褐色，鳞盾微肥厚，横脊明显，鳞脐微凹，有短刺；种子倒卵形，长 5～7 mm，连翅长 1.5～1.8 cm。花期 4～5 月；球果成熟期翌年 10 月。

原产于日本。我国旅顺、大连、泰安、青岛、北京、秦皇岛、保定、武汉、南京、上海等地有栽培。喜温暖湿润的海洋性气候。

材质优良，可作为建筑、家具等用材；为沿海造林和园林绿化树种。

树 形

雌球花枝

球果枝

树 皮

景 观

叶 枝

雪松
Cedrus deodara (Roxb.) G. Don

　　松科雪松属常绿大乔木，高达75 m，胸径约 4.3 m；树冠塔形。大枝平展，小枝微下垂；1年生枝微有白粉和短柔毛。叶三棱针形，长 2.5～5 cm，坚硬，各面有数条白色气孔线，在长枝上螺旋状排列，在短枝上簇生。雌雄异株，稀同株。球果卵圆形，长7～12 cm，直径 5～9 cm，熟时红褐色，种鳞脱落；种鳞木质，倒三角形，背面密生锈色短绒毛；种子三角状，连翅长2.2～3.7 cm。花期10～11月；球果成熟期翌年9～10月。

　　中国于1920年引种，大连、旅顺、北京、青岛、徐州、上海、南京、杭州、武汉、长沙、昆明等地均已广泛栽培。喜光，不耐严寒，生长较快，寿命长。

　　树姿雄伟，为著名观赏树；对 SO_2 敏感，可监测大气污染。

球果枝

雄球花枝

树 形

景 观

树 皮

叶 枝

树 形

杉科 TAXODIACEAE

水杉 *Metasequoia glyptostroboides* Hu et Cheng

　　杉科水杉属落叶乔木，高达 46 m，胸径达 2.5 m；树冠尖塔形。冬芽、小枝对生或近对生。叶交叉对生，条形，长 0.6～4 cm，宽 1～2.5 mm，羽状排列。雌雄同株。球果近球形或长圆形，长 1.8～2.5 cm，有长梗；种鳞 9～12 对，交叉对生，木质盾状，顶端扁菱形，有凹槽，能育者有 5～9 枚种子；种子扁平，倒卵形，长约 5 mm，周围有窄翅，先端有凹缺。花期 2～3 月；球果成熟期 10～11 月。

　　中国特有种。产于湖北利川水杉坝、谋道溪，重庆石柱，湖南桑植、龙山等地，我国南北各地均有栽培，已引种到全球各地；生于海拔 750～1620 m 的地带。

　　木材供建筑、造纸等用；为绿化观赏和造林树种。

柳杉 *Cryptomeria fortunei* Hooibrenk ex Otto et Dietr.

杉科柳杉属常绿乔木，高达 40 m，胸径的 2 m；树皮红棕色，裂成长条片。小枝细长下垂。叶螺旋状排列，锥形，基部下延，长 1～1.5 cm，幼树及萌芽枝叶长达 2.4 cm，微弯曲。雌雄同株；雄球花长圆形，集生于枝顶或单生于叶腋；雌球花近球形，单生于枝顶，稀数个集生；每个珠鳞常具 2 胚珠，苞鳞与种鳞愈合，仅先端分离。球果近球形，直径 1.2～2 cm，种鳞约 20，木质，先端齿裂长 2～4 mm。花期 4 月；球果成熟期 10～11 月。

中国特有种。产于浙江天目山、福建南平和江西庐山等地，陕西、河南、湖北、四川、云南、广西、广东等地有栽培。

树姿优美，能吸收 SO_2，净化空气，是良好的园林和造林树种；木材轻软，供建筑和造纸等用。

叶枝及球果枝

树 形

柏科 CUPRESSACEAE

千头柏 *Platycladus orientalis* 'Sieboldii'

　　柏科侧柏属常绿灌木，为侧柏的栽培变种。丛生，无主干，高达5 m；树冠卵圆形或球形，整齐。枝密生，直展。

　　北京至长江流域广为栽培。

　　为风景和绿篱树种。

树形

树形

树皮

雌球花（侧面）

侧柏

Platycladus orientalis (Linn.) Franco

　　柏科侧柏属常绿乔木，高达 20 m，胸径达 1 m。叶枝扁平，排成一平面，直展。全为鳞叶，交叉对生，长 1～3 mm，顶端钝，背面中部有条形腺槽。雌雄同株；雄球花有 6 对雄蕊；雌球花有 4 对珠鳞。球果卵圆形，长 1.5～2.5 cm，成熟时木质，红褐色，开裂，种鳞顶端苞鳞呈小钩状；种子卵形，长 4～6 mm，无翅。花期 4 月；球果成熟期 10 月。

　　中国特有种。除黑龙江、新疆、青海外，分布几遍全国，以黄河流域最多，各地名胜古迹处侧柏参天；生于海拔 250～3600 m 的地带。

　　木材致密，有香气，耐腐朽，可作为建筑、家具等用材；枝叶和种子可药用；为黄土高原、石灰岩山地造林、园林绿化树种。

球果枝

丰宁侧柏天然林

幼球果枝

树 形

洒金千头柏
Platycladus orientalis
'Aurea'

柏科侧柏属常绿灌木，为侧柏的
栽培变种。高约 1.5 m，矮生密丛球
形至卵形。叶淡黄绿色，入冬略转褐
绿色。

保定、杭州等地有栽培。

可栽培供观赏。

雌球花枝

树 形

叶 枝

偃柏

Sabina chinensis var. *sargentii* Cheng et L. K. Fu

　　柏科圆柏属常绿葡匐灌木。小枝上升成密丛状。刺叶交叉对生，长3～6mm，排列较紧密。球果蓝紫色。

　　产于我国东北，北京、保定等地有栽培。

　　为固沙保土、造园绿化、盆景观赏树种。

行道树景观

圆柏

Sabina chinensis (Linn.) Ant.

　　柏科圆柏属常绿乔木，高达 30 m，胸径约 3.5 m。叶枝圆柱形或微四棱形，直径约 1 mm。叶二型，分刺叶和鳞叶；幼树全为刺叶，三叶轮生，长 6～12 mm，腹面有两条白色气孔带，基部下延；壮龄树兼有鳞叶，老树则全为鳞叶，交叉对生，长 1.5～2.5 mm，背面有腺槽。雌雄异株，稀同株。球果近球形，直径 6～8 mm，褐色，有白粉；种子 1～4，卵圆形。花期 3～4 月；球果成熟期翌年 9～10 月。

　　除我国东北北部和西北北部外，各地均有分布，野生少，栽培多。全国各地名胜古迹处古圆柏习见。

　　木材桃红，致密芳香，可作为家具、雕刻等用材；树形优美，为园林绿化、绿篱和山地造林树种，但切勿栽于苹果、梨园附近，以防锈病。

雄球花枝

树　皮

雌球花枝

球果枝

树　形

龙柏 *Sabina chinensis* 'Kaizuca'

柏科圆柏属常绿乔木，为圆柏的栽培变种。高达 20 cm，胸径 3.5 m；树冠柱状塔形，分枝低，侧枝环抱主干扭转斜上，形如盘龙。小枝密集。鳞叶排列紧密，幼时淡黄绿色，后呈翠绿色。球果蓝色，被白粉。

长江流域栽培较多，北京、天津、保定、石家庄、邯郸等地有栽培。耐热而不耐寒。

可栽培供观赏。

球果枝　　　　　树 形

金球桧
Sabina chinensis 'Aureoglobosa'

柏科圆柏属常绿灌木，为圆柏的栽培变种。树冠近球形，枝密生，多为鳞叶，绿叶丛中杂有金黄色枝叶。

北京、保定、石家庄、南京、上海、杭州等地有栽培。

可栽培供观赏。

树 形

鹿角桧

Sabina chinensis
'Pfitzeriana'

　　柏科圆柏属常绿丛生灌木，为圆柏的栽培变种。主干不发育，大枝自地面向四周斜展，树姿优美。

　　黄河流域至长江流域各地常见。

　　可栽培供观赏。

树形

铺地柏　*Sabina procumbens* (Endl.) Iwata et Kusaka

　　柏科圆柏属匍匐灌木，高达 75 cm。枝条贴近地面伏生，枝梢向上斜展。叶全为刺形，3 叶轮生，长 6～8 mm，先端角质锐尖，基部下延，表面有凹槽，两侧各有 1 条白色气孔带，于上部汇合，背面蓝绿色。球果近球形，直径 8～9 mm，熟时紫黑色，被白粉；种子 2～3，长约 4 mm，有棱脊。花期 4 月；球果成熟期翌年 10 月。

　　原产于日本。我国沈阳、丹东、旅顺、大连、北京、天津、保定、郑州、洛阳、开封、武汉、南京、上海、杭州、福州、厦门、昆明、南宁、西安、重庆、成都等地均有栽培。

　　为优良庭园绿化树种，亦常植于花坛或用作盆景和高速公路两侧坡地绿化。

叶枝

树形

叉子圆柏（沙地柏） *Sabina vulgaris* Ant.

柏科圆柏属葡匐灌木，直立灌木或小乔木。1年生枝圆柱形，直径约1mm。叶二型，幼树上常为刺叶，对生或3叶轮生，叶长3～7mm，背面中部有条形腺体，成年树为鳞叶或偶有刺叶，鳞叶交叉对生，斜方形或菱状卵形，长1.5～3mm，背面中部有椭圆形或卵形腺体。球果生于向下弯的小枝顶端，倒三角形或叉状球形，长6～7mm，成熟时蓝黑色，被白粉；种子3～5。

产于新疆、内蒙古、宁夏、青海、甘肃、陕西等地，沈阳、北京、保定、上海等地有栽培；生于海拔1100～3300 m 的地带。

木材可作为农具、文具、家具等用材；为固沙造林和园林绿化树种。

叶 枝

树 形

翠柏（粉柏）

Sabina squamata 'Meyeri'

柏科圆柏属直立灌木，小枝密。叶全为刺叶，3叶轮生，排列紧密，条状披针形，稍内弯，长6～10 mm，先端锐尖，两面有白粉，故树冠呈粉蓝绿色。球果卵圆形，长约6 mm，蓝黑色，无白粉，有1枚种子。

北京、天津、保定、石家庄、邯郸等地公园、陵园有栽培。

可作为盆景供观赏。

树 形

叶 枝

球果枝

树 形

北美香柏（香柏）　*Thuja occidentalis* L.

　　柏科崖柏属常绿乔木，高达20 m；树冠窄塔形，老树有板状根。生鳞叶小枝扁平。鳞叶有香气，长1.5～3 mm，先端急尖或钝，中央叶背面有明显腺槽，侧生叶与中央叶等长或稍短，尖头内弯而紧贴小枝；小枝上面鳞叶绿色，下面鳞叶淡黄绿色。雌雄同株。球果长椭圆形，长7～13 mm，种鳞近革质，顶端有钩状突起，4～5对，下面2～3对发育，各有1～2枚种子；种子扁平，两侧有翅。

　　原产于北美洲。我国北京、青岛、郑州、洛阳、开封、武汉、庐山、南京、上海、杭州、成都、昆明等地有栽培。喜光，耐水湿。

　　木材坚韧，耐腐而有芳香味，可作为器具、家具等用材；树形优美，故为园林观赏树种。

叶 枝

树 皮

景 观

杜松

Juniperus rigida Sieb. et Zucc.

柏科刺柏属常绿乔木，高达 12 m，胸径约 1.3 m；树冠圆锥形。小枝下垂，幼枝三棱形。叶条状刺形，3 叶轮生，基部有关节，不下延，长 1.2～1.7 cm，宽约 1 mm，先端锐尖，表面深凹，内有 1 条白色气孔带，背面纵脊明显。雌雄异株。球果近球形，直径 6～8 mm，熟时蓝黑色，被白粉；种子 2～4，近卵形，长约 6 mm，先端尖，有 4 棱。花期 4 月；球果成熟期翌年 10 月。

产于我国东北、华北、陕西、甘肃、宁夏等地，河北涿鹿大堡乡有天然杜松林，各地城市有栽培。喜光，比圆柏耐寒。

木材芳香，民间可作为檀香代用品、工艺品、家具等用材；球果入药，可利尿、镇痛；树姿优美，可供观赏。

树 形

叶 枝

红豆杉科 TAXACEAE

东北红豆杉

Taxus cuspidata Sieb. et Zucc.

红豆杉科红豆杉属常绿乔木，高达 20 m，胸径约 1 m；树皮红褐色。1 年生小枝秋后淡红褐色，基部有宿存芽鳞。叶不规则 2 裂，呈 "V" 字形斜展，条形，长 1～2.5 cm，宽 2.5～3 mm，先端急尖，基部近圆形，表面深绿色，有光泽，背面有两条灰绿色气孔带。种子生于红色肉质杯状假种皮中，卵圆形，熟时紫红色，长约 6 mm，先端具 3～4 条钝脊，种脐三角形或四方形。花期 5～6 月；种子成熟期 9～10 月。

产于黑龙江张广才岭、老爷岭、小兴安岭，吉林长白山，辽宁、河北、北京、山东、江苏有栽培；生于海拔 500～1000 m 的地带。喜冷凉湿润气候。

树皮、木材、枝叶和种子均有毒，可提取紫杉醇和紫杉精油，供药用；为观赏树种。

树 皮

矮紫杉

Taxus cuspidata var. *nana* Rehd.

红豆杉科红豆杉属，半球状灌木，枝叶茂密。

原产于朝鲜、日本。我国东北、北京、上海有栽培。

为庭园观赏树种。

树 形

果实

雌花

树皮

果 枝

胡桃科 JUGLANDACEAE

核桃（胡桃） *Juglans regia* L.

　　胡桃科胡桃属落叶乔木。1年生枝粗壮，无毛，片状髓。奇数羽状复叶，长20～30 cm；小叶5～11，叶片椭圆状卵形至长椭圆形，长6～15 cm，全缘，但幼树和萌枝叶有锯齿，背面脉腋有毛。花单性同株；雄花序芽为裸芽。果1～4集生于枝顶；核果状坚果，球形，无毛；坚果直径2.8～3.7 cm，果皮骨质，有2纵棱。花期4～5月；果期9～10月。

　　主产于我国华北和西北地区，辽宁南部以南山区、平原广泛栽培，新疆、西藏有野生。喜光，深根性。

　　核桃仁营养丰富，供食用、药用、榨油（出油率达65%）和制作保健食品等；木材优良，富弹性，纹理美，可作为军工、装饰、雕刻、家具等用材；果为著名干果；为绿化观赏树种。为国家二级保护树种。

雄花序

核桃林（冬）

树 形

树 皮

核桃楸
Juglans mandshurica Maxim.

　　胡桃科胡桃属落叶乔木，树皮灰色，光滑浅裂。小枝粗壮，有黄褐色腺毛和星状毛，片状髓。一回羽状复叶，小叶9～17，叶片长圆形，长6～18 cm，顶端尖，边缘具细锯齿，背面密生短柔毛和星状毛，几无柄。雌雄同株。果序有4～7果；核果状坚果，卵圆形，长4～6 cm，有褐色腺毛和星状毛；坚果卵形或椭圆形，顶端尖，有8条纵棱和不规则皱褶及凹穴。花期5～6月；果期8～9月。

　　产于我国东北、华北、甘肃等地；常生于沟谷两边和山坡，散生或成小片纯林。喜光，能耐−40℃严寒，深根性，寿命长。

　　种仁含油率40%～63%，供食用；核桃壳制活性炭；可作为核桃的砧木；为珍贵用材、造林或观赏树种。

天然林

果 枝

树 形

树 皮

果 枝

枫杨

Pterocarya stenoptera C. DC.

　　胡桃科枫杨属落叶乔木，高达 30 m，胸径约 2 m；树皮灰褐色，幼时平滑，老时深纵裂。小枝黄棕色或黄绿色，髓心片状。裸芽具柄。奇数羽状复叶，有时顶生小叶不发育而成偶数，叶轴有窄翅；小叶 9～23，长椭圆形，长 4～10 cm，宽 1～3 cm，有细锯齿。花单性，雌雄同株。果序长 20～45 cm，下垂，小坚果有 2 斜展果翅，翅由小苞片发育而成，长 2～3 cm。花期 4～5 月；果期 9 月。

　　产于我国东北南部、华北、华东、华中、华南和西南等地，野生或栽培。喜温暖湿润气候，耐水湿，生长快，萌芽力强。

　　木材轻软，供制作箱板、木屐、家具等用；叶可制成农药；为行道树、护岸和防风林树种。

叶 枝

树 皮

树形（冬）

杨柳科 SALICACEAE

胡杨 *Populus euphratica* Oliv.

　　杨柳科杨属落叶乔木，高 10 ～ 30 m；树皮灰褐色，条状开裂。小枝灰绿色，无顶芽。叶片形状多变化，长枝和幼树的叶片披针形或条状披针形，长 5 ～ 12 cm，全缘或疏生波状齿；短枝和成年树上的叶片扁圆形、肾形或卵状披针形，长 2 ～ 5 cm，宽 3 ～ 7 cm，上部具粗齿或全缘，两面同为灰蓝色；叶柄稍扁。雄花序长 2 ～ 3 cm，雄蕊 15 ～ 25；雌花序长 3 ～ 5 cm，柱头紫红色；花盘杯状。果穗长 6 ～ 10 cm；蒴果长卵形，2 ～ 3裂，无毛。花期 5 月；果期 7 ～ 8 月。

　　产于新疆、青海、甘肃、宁夏、内蒙古等地；生于海拔 800 ～ 2400 m 的荒漠、河流沿岸。喜光，抗风沙。

　　木材轻软，可作为建筑、家具、地板、造纸等用材；为我国西北地区造林树种。

景 观

树形

银白杨　*Populus alba* L.

杨柳科杨属落叶乔木，高达35m；树冠宽阔。幼枝密生白色绒毛。长枝的叶片宽卵形，3～5浅裂，长4～10cm，宽3～8cm，裂片先端钝尖，基部圆形或近心形，幼叶两面密生白绒毛，后仅背面有毛；短枝的叶片卵圆形或椭圆状卵形，长4～8cm，有钝齿；叶柄与叶片近等长或较短，有白绒毛。雄花序长3～6cm，雄蕊8～10；雌花序长5～10cm。蒴果无毛，2裂。花期4～5月；果期5～6月。

产于新疆，辽宁南部、河北、北京、山东、山西、河南、陕西、甘肃、青海、宁夏和西藏西部等地均有栽培；生于海拔440～580m的地带，雄株多。

木材轻软，可作为建筑、家具、胶合板、造纸等用材；为我国西北平原沙荒造林树种，亦可供观赏。

树皮

叶枝

毛白杨
Populus tomentosa Carr.

杨柳科杨属落叶乔木，高达 30 m，胸径约 1 m；树皮灰绿色至灰白色，皮孔菱形，老时黑褐色，深纵裂。1 年生枝、芽鳞、叶背均有灰白色绒毛，后渐脱落。单叶互生，长枝上叶片三角状卵形，长 10～15 cm，顶端短渐尖，基部截形或心形，叶缘具深齿；短枝上叶片卵圆形，具波状齿；叶柄侧扁。雌雄异株；雄蕊 6～12，花药紫红色；柱头 2 裂，粉红色；花盘斜杯状；苞片边缘条形开裂，被长毛。蒴果 2 裂。花期 3 月；果期 4～5 月。

中国特有种。北起辽宁，南达浙江，西至甘肃，东到山东，多有栽培，主产于黄河中下游。

材质较好，供制作家具、胶合板及造纸等用；为黄淮平原速生丰产林、防护林和"四旁"绿化树种。

叶 枝

树 皮

果序枝

雌花序

雌花序（纵切放大）

果序枝

人工林

树 形

行道树景观

叶 枝

新疆杨

Populus alba var. *pyramidalis* Bge.

　　杨柳科杨属落叶乔木，高达 30 m；树干端直，树冠圆柱形或尖塔形；树皮青灰色，光滑，老时灰色，树干基部纵裂。枝条有长短枝之分，长枝上的叶掌状，3～5 深裂至中部或中部以下，边缘具不规则粗齿，叶表面光滑，背面密生白绒毛，叶柄短；短枝上的叶近圆状椭圆形，先端钝尖或渐尖，基部近楔形或近心形，边缘具粗齿，叶表面绿色，背面浅绿色。柔荑花序，下垂，雄花序长 2.5～4 cm。

　　产于新疆、内蒙古等地，陕西、甘肃、宁夏、陕西、河北、北京、天津等地有栽培。喜光，抗旱，抗风，萌芽力强，生长快。

　　材质较好，可作为建筑、家具、胶合板等用材；树形美观，可作为行道树、风景树、防护林等树种。

雄花序枝

树 形

山杨

Populus davidiana Dode

杨柳科杨属落叶乔木，高达 25 m，胸径约 60 cm；树皮光滑，灰绿色或灰白色。小枝无毛。叶片三角状卵圆形或近圆形，长宽近相等，长 3～6 cm，先端钝尖、急尖或短渐尖，基部圆形或截形，叶缘具密波状浅齿，幼时背面有柔毛，老时无毛；叶柄侧扁，长 2～6 cm。雄花序长 4～8 cm，雄蕊 6～12，花药紫红色；雌花序长 4～7 cm，柱头 2 裂，红色。蒴果 2 裂。花期 3～4 月；果期 4～5 月。

产于我国东北、华北、西北、华中和西南高山地区；北方生于海拔 1800 m 以下的山坡、山脊或沟谷。喜光，耐寒，为采伐迹地天然更新的先锋树种。

木材轻软，可作为民用建筑、家具和造纸等用材；为绿化荒山和涵养水源树种。

天然林

树 形

果 枝

树 皮

景 观

叶 枝

河北杨

Populus hopeiensis Hu et Chow

杨柳科杨属落叶乔木，高达30 m，胸径约50 cm；树皮黄绿色至灰白色，平滑，有白粉。1年生枝圆柱形，微有棱，无毛。叶片卵圆形或近圆形，长3～8 cm，先端尖，基部平截或圆形，边缘具波状齿，齿端尖，内曲，幼叶背面有绒毛，后脱落；叶柄扁，长2～5 cm。雌雄异株；雄花序长5 cm；雌花序长3～5 cm；花序轴有柔毛；苞片红褐色，边缘有白长毛。蒴果长卵形，2裂，有短柄。花期4～5月；果期5～6月。

中国特有种。产于我国华北、西北各地；常生于海拔600～2000 m的河边、冲积阶地、阴坡和沟谷。

木材轻软，供制家具、箱板、蒸笼等用；为行道树或我国华北、西北黄土丘陵和沙滩造林树种。

树 形

叶 枝

树 皮

景 观

钻天杨 *Populus nigra* var. *italica* (Moench) Koehne

　　杨柳科杨属落叶乔木，高达 30 m，胸径约 80 cm；树冠圆柱形；树皮灰褐色，纵裂。侧枝向上直伸而靠近树干；1 年生枝圆柱形，淡灰黄色，无毛。长枝上叶片扁三角形，宽大于长，长约 7 cm，先端短渐尖，基部平截或宽楔形，具钝圆锯齿；短枝上叶片菱状三角形或菱状卵圆形，长 5～10 cm，先端渐尖，基部宽楔形或圆形，两面光滑；叶柄上部微扁，长 2～5 cm。蒴果卵圆形，2 裂，果柄细长。花期 4 月；果期 6 月。

　　原产于意大利。我国哈尔滨以南至长江流域有栽培；适生于我国华北和西北地区。

　　木材轻软，供制箱板、造纸等用；为行道树和防护林树种，亦为杨树育种常用亲本之一。

叶 枝

小叶杨 *Populus simonii* Carr.

　　杨柳科杨属落叶乔木，高达22 m，胸径约80 cm。小枝和萌枝有棱，细而长，无毛。叶片菱状卵形、菱状椭圆形或菱状倒卵形，长3～12 cm，宽2～8 cm，中部以上最宽，先端渐尖或突尖，基部楔形，无毛，具细锯齿；叶柄圆筒形，长0.5～3 cm。雄花序长2～7 cm；雄蕊8～9(25)；雌花序长3～6 cm；苞片无毛。果序长达15 cm；蒴果小，2～3裂。花期3～5月；果期4～6月。

　　中国特有种。产于我国东北、华北、华中、西北和西南地区；生于河边、滩地、沙荒和平原。喜光，适应性强，对气候和土壤要求不严，根系发达，生长较快，具有抗风固沙能力。

　　材质接近于毛白杨的材质，为三北防护林和"四旁"绿化重要树种。

树 皮

树形

古树

叶枝

树形

行道树景观

树 皮

果 枝

小青杨 *Populus pseudo-simonii* Kitag.

杨柳科杨属落叶乔木，为青杨和小叶杨的杂交种。高达 20 m，胸径约 70 cm；树皮灰白色，老时下部浅纵裂。幼枝和萌枝有棱，无毛，枝较粗而疏。芽有黏质。叶片菱状椭圆形、菱状卵圆形或卵圆形，长 4～9 cm，宽 2～5 cm，中部以下最宽，先端渐尖或短渐尖，基部楔形或近圆形，叶缘具细钝齿，背面淡绿色，无毛；叶柄微扁，长 1.5～5 cm；萌枝叶较大，边缘波状皱曲。蒴果长约 8 mm，2～3 裂。花期 3～4 月；果期 4～5 月。

产于我国东北、内蒙古、河北、山西、陕西、甘肃、青海、四川等地；生于山坡、溪边和平原。喜光、耐寒，适应性强，为早期速生树种。

材质轻软，可作为民用建筑、家具和造纸等用材；为防护林和城乡绿化树种。

大青杨 *Populus ussuriensis* Kom.

　　杨柳科杨属落叶乔木，高达 30 m，胸径达 2 m；树干通直；树皮幼时灰绿色，光滑，老时深灰色，纵裂。幼枝具短柔毛，有棱。叶片椭圆形、宽椭圆形或近圆形，长 5～12 cm，先端突短尖，扭曲，基部近心形或圆形，边缘的圆齿上密生绒毛，两面沿脉密生柔毛；叶柄长 1～4 cm，密生柔毛。花序长 12～18 cm，花序轴密生短毛。蒴果无毛，3～4 裂，近无柄，长约 7 mm。花期 5 月；果期 6 月。

　　产于我国东北小兴安岭、完达山、张广才岭、老爷岭和长白山等地；生于海拔 300～1400 m 的山区。为东北林区最高大的树种之一。

　　木材白色，轻软，可作为建筑、造纸、胶合板等用材；为分布区内速生用材林树种。

树形

叶 枝

树 皮

树形

树皮

叶 枝

加拿大杨
Populus × canadensis Moench

杨柳科杨属落叶乔木，是美洲黑杨与黑杨的杂交种。高达 30 m，胸径约 1 m；树皮灰褐色，深纵裂。小枝常有棱角，无毛；芽先端反曲，富黏质。叶片近三角形，长 7～10 cm，顶端渐尖，基部截形或宽楔形，叶缘半透明，具圆钝齿，初有绒毛；叶柄侧扁；长枝和萌枝上叶片较大，长 10～20 cm。雄花序长 7～15 cm，雄蕊 15～25，紫红色；雌花序长 3～5 cm；子房卵圆形，柱头 4 裂。蒴果卵圆形，2～3 裂。

原产于北美洲东部。19 世纪中叶引入中国，除广东、云南和西藏外，全国各地广为栽培，喜光，喜肥沃湿润土壤，生长快。

木材为家具、包装箱、造纸和纤维工业原料。

雄花序枝

片 林

雄花序

旱柳

Salix matsudana Koidz.

　　杨柳科柳属落叶乔木，高达20 m。枝条直立或斜展；幼枝叶有毛，后渐脱落。叶披针形，长5～10 cm，宽1～2 cm，顶端长渐尖，基部楔形，具细腺齿，背面苍白色；叶柄长5～8 cm。雌雄异株，稀两性；雄蕊2，腺体2，花丝分离；雌花有2腺体，背生和腹生，子房无毛；苞片卵形，背面基部有毛。蒴果2裂。花期4～5月；果期5～6月。

　　产于我国东北、华北、西北、西南、华中、华东地区，黄河流域是其分布中心；生于海拔1500 m以下的地带，平原习见。喜光，耐寒，喜湿润，适应性强，萌芽力强，生长快。

　　木材可作为菜板、面板、胶合板等用材；为蜜源植物和城乡绿化、防护林、沙荒造林树种。

树形

果枝

树皮

叶枝

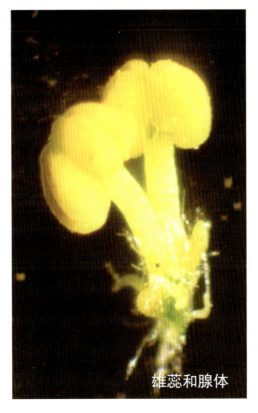

雄蕊和腺体

雌花序

树 形

绦柳

Salix matsudana f. *pendula* Schneid.

　　杨柳科柳属落叶乔木，小枝细长下垂，常被误认为垂柳。与垂柳不同点是：雌花有2腺体，而垂柳雌花只有1腺体。叶片披针形，长5～10 cm，背面苍白色，而垂柳叶片条状披针形，长9～16 cm，背面淡绿色。

　　我国东北、华北、上海有栽培。

　　供观赏及做行道树。

叶 枝

叶 枝

行道树

树 形

龙爪柳

Salix matsudana f. *tortuosa*
(Vilm.) Rehd.

　　杨柳科柳属落叶乔木，似旱柳，但枝条扭转弯曲。
　　全国各地常见栽培。
　　供绿化、观赏。

垂柳 *Salix babylonica* L.

　　杨柳科柳属落叶乔木，高达 18 m。枝条细长下垂。叶窄披针形，长 9～16 cm，宽 5～15 mm，顶端长渐尖，基部楔形，背面淡绿色，具细腺齿；叶柄长约 1 cm。雌雄异株；花与叶同时开放；雄蕊 2，腺体 2，背、腹各 1；雌花有 1 腺体，腹生，子房无毛或基部有毛；苞片披针形，背面基部和边缘有长柔毛。蒴果长约 4 mm，2 裂。花期 3～4 月；果期 4～5 月。

　　主产于长江和黄河流域，全国各地有栽培。喜光，耐水湿，根系发达，萌芽力强，生长快，湖边、河边、城乡习见。

　　树姿优美，为各地城乡绿化优良树种；木材可作为家具、菜板、胶合板等用材，枝条供编筐。

树 形

叶 枝

雌花序枝

雄花序枝

行道树

叶枝及果枝

朝鲜柳
Salix koreensis Anderss.

杨柳科柳属落叶乔木，高达 20 m，胸径约 1 m；树皮深灰色，纵裂。小枝有平伏柔毛或无毛。单叶互生，叶片披针形、长圆状披针形或卵状披针形，长 5～13 cm，先端渐尖，基部楔形或稍圆，表面初有柔毛，后脱落，背面苍白色，沿中脉有短柔毛；边缘有细密腺齿；叶柄长 6～13 mm。花序长 1～3 cm；雄蕊 2，花丝分离或中下部合生，基部有长柔毛，有腹、背腺；子房无柄，有柔毛，有腹、背腺或无背腺。花期 4～5 月；果期 5～6 月。

产于我国东北、华北、陕西、甘肃等地；生于海拔 700 m 以下的山沟或河边。喜光，喜水湿环境。

木材供建筑、造纸等用；枝条供编筐等；为蜜源植物。

杞柳　*Salix integra* Thunb.

杨柳科柳属落叶灌木，高 1～3 m。1 年生枝细长，黄绿色或红褐色。叶对生或近对生，萌枝叶互生或近轮生；叶片倒披针形或长圆形，长 2～7 cm，先端短渐尖，基部圆形或宽楔形，边缘有细锯齿或近全缘，两面无毛，背面有白粉；叶柄近无而抱茎；无托叶。花先叶开放，花序长 1～2 cm；雄蕊 2，花丝完全合生；腺体 1，腹生；子房长卵形，有柔毛，近无柄；柱头 2～4 裂。蒴果长 3～4 mm，有毛。花、果期 4～5 月。

产于黑龙江、吉林、辽宁、河北；常生于河边和低湿地。喜光，耐水湿。

枝条细长柔软，是编织花篮等的最佳材料；为固岸护堤树种。

树　形

叶枝

树 形

叶枝及果枝

黄柳

Salix gordejevii Y. L. Chang et Skv.

杨柳科柳属落叶灌木，高达2 m。小枝淡黄色，有光泽，无毛。芽长圆形，红黄色，无毛。单叶互生，叶片条形，稀条状披针形，长3～8 cm，宽3～6 mm，无毛，背面苍白色，具疏腺齿；叶柄长1～3 mm。雌雄异株；花先叶开放，花序圆柱形，长1.5～2.5 cm；苞片倒卵形或长圆形，先端黑褐色，两面有长柔毛；腺体1，腹生；雄蕊2，离生；子房无毛或疏被毛；柱头与花柱近等长，2裂。蒴果淡黄褐色，长约4 mm。花期4～5月；果期5～6月。

产于甘肃、内蒙古、河北、辽宁，宁夏中卫有栽培；生于沙丘或沙地。喜光，抗风沙。

最佳固沙树种；枝条细软，供编筐用；羊和骆驼喜食其嫩枝和叶；为薪炭材。

果序枝

景 观

树 皮

花序枝

桦木科 BETULACEAE

黑桦 *Betula dahurica* Pall.

　　桦木科桦木属落叶乔木，高达 30 m；树皮淡紫褐色，小纸片状成层剥裂。小枝红褐色，密生腺点。叶片卵形、菱状卵形或宽卵形，长 4～8 cm，宽 1.5～5 cm；侧脉 6～8 对，边缘具重锯齿，每对侧脉间 1～3 小齿，背面密生腺点，沿脉有毛，脉腋有簇生毛；叶柄长 5～15 mm，有毛。果序单生，长 2～3 cm；果苞长 5～6 mm，中裂片长三角形，侧裂片圆卵形，较中裂片短而宽。小坚果宽椭圆形，翅宽为果宽的 1/2，或一宽一窄。花期 5 月；果期 10 月。

　　产于我国东北、华北；生于山坡、山脊或山顶，常与白桦、山杨等混生。喜光，耐寒。

　　木材坚硬，可作为建筑、家具、车辆、胶合板等用材；树皮入药，能解热利尿。

白桦

Betula platyphylla Suk.

桦木科桦木属落叶乔木，高达26 m；树皮粉白色，纸片状剥裂。小枝红褐色，无毛，疏生腺点，皮孔散生。叶三角状卵形或菱状卵形，长3～9 cm，宽2～7 cm，侧脉5～8对；先端渐尖或短尾尖，基部平截至楔形，稀近心形，边缘具重锯齿，每对侧脉间具1～5小齿，无毛；叶柄长1～2.5 cm，无毛。果序单生，长2～5 cm；果苞长3～7 mm，中裂片三角形，侧裂片开展或下弯，比中裂片宽；果翅比果稍宽或近等宽。花期4～5月；果期9～10月。

产于我国东北、华北、西北、西南地区；生于山坡或山谷，是采伐迹地的先锋树种。喜光，耐寒，喜酸性土壤。

木材黄白色，易腐朽，可作为胶合板、箱板和造纸等用材；桦汁可制成天然饮料。

树 形

叶 枝

景观（秋）

果序枝

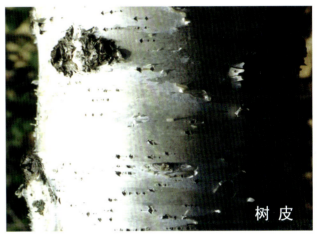

树 皮

天然次生林（冬）

花序枝

叶 枝

硕桦（枫桦）

Betula costata Trautv.

　　桦木科桦木属落叶乔木，高达30 m；树皮黄褐色或灰褐色，大纸片状剥裂。小枝暗红色，无毛，有暗黄色腺点，皮孔明显。叶片卵形或长卵形，长2～7 cm，宽1.2～5 cm，边缘具细尖重锯齿；侧脉9～16对，每对侧脉间1～3小齿，背面淡绿色，脉腋有毛；叶柄长0.8～2 cm。果序单生，圆柱形，长1.5～2.2 cm；果苞长约8 mm，中裂片窄长披针形，侧裂片长圆形，长为中裂片的1/3。小坚果倒卵形，果翅比果窄。花期5月；果期9～10月。

　　产于我国东北、内蒙古、河北、北京；生于海拔1500 m以上的阴坡或半阴坡。较耐阴，喜冷湿环境。

　　材质较松，干后易裂，可作为板材、胶合板等用材。

果 枝

树皮

树皮

次生林

树形

果 枝

丛 植

平榛 *Corylus heterophylla* Fisch. ex Trautv.

桦木科榛属灌木，稀小乔木，高达 2 m。小枝有灰色短柔毛；芽鳞有白色缘毛。叶片圆卵形至宽倒卵形，长 4 ～ 13 cm，顶端近截形，有短尖，小裂片有凹缺，基部心形或圆形，边缘具不规则重锯齿，背面沿脉有短柔毛；叶柄长 1 ～ 2 cm。果苞钟形，半包坚果，外面密生柔毛和腺毛，具纵纹，边缘浅裂；坚果近球形，长 10 ～ 15 mm，淡褐色。花期 4 ～ 5 月；果期 9 ～ 10 月。

产于我国东北、华北、甘肃、宁夏、陕西、四川、湖北、河南、山东、安徽、贵州、云南等地。喜光，耐寒，多生于山坡和林缘。

种仁含油 51.6% ～ 63.8%，可食用和药用，为重要的油料和干果树种；木材坚硬，做手杖和伞柄等用。

毛榛 *Corylus mandshurica* Maxim. et Rupr.

桦木科榛属灌木，高 3 ～ 4 m。小枝有黄灰色长柔毛，并杂有腺毛；芽鳞密被灰白色柔毛。叶片宽卵形或倒卵状长圆形，长 6 ～ 12 cm，顶端尾尖或聚尖，基部心形，边缘具不规则重锯齿，中部以上有浅裂，两面疏生短柔毛，老时背面沿脉有毛；叶柄长 1 ～ 3 cm，有毛。果苞管状，长 4 ～ 5 cm，在坚果顶部缢缩，全包坚果，外面密生黄色刚毛和白色短柔毛；坚果近球形，顶端尖，直径约 1.5 cm，被白色绒毛。花期 4 ～ 5 月；果期 8 ～ 9 月。

产于我国东北、华北、甘肃、陕西、四川等地；生于海拔 800 ～ 2700 m 的山地灌丛中、密林内和杂木林中。喜光，稍耐阴，萌生树 3 ～ 4 年结果。

用途同平榛。

果 枝

景 观

景 观

树 形

鹅耳枥

Carpinus turczaninowii Hance

　　桦木科鹅耳枥属落叶乔木，高 5～15 m；树皮深灰色，具浅裂纹。小枝细，芽鳞 16～24，有缘毛。叶片卵形或椭圆形，长 2～6 cm，顶端尖，基部宽楔形或圆形，边缘具重锯齿，侧脉 8～12 对，背面沿脉和脉腋有毛；叶柄长 4～10 mm。果序长 3～6 cm；小坚果着生于叶状果苞基部，果苞半宽卵形，长 6～20 mm，中脉偏于内侧，内侧近全缘，外侧有粗锯齿，基部具耳突；小坚果卵形，长约3 mm，有纵肋及腺点。花期 5 月；果期 9～10 月。

　　产于辽宁、河北、山西、山东、河南、陕西、甘肃、四川、湖北、江苏；生于海拔 400～2100 m 的山地阳坡、沟谷和林下。

　　木材坚韧，供制作家具、手杖等用；种子含油率15%～20%，食用或工业用。

果 枝

树 形

千金榆

Carpinus cordata Bl.

桦木科鹅耳枥属落叶乔木，高达 18 m，胸径约 70 cm；树皮灰褐色，浅纵裂。小枝初有毛，后渐脱落。叶片卵形或椭圆状卵形，长 8～15 cm，先端渐尖，基部心形，边缘具不规则刺芒状重锯齿，侧脉 15～20 对，叶背沿脉有柔毛；叶柄长 1.5～2 cm。果序长 5～12 cm；果苞宽卵状长圆形，中脉两侧对称，上部有尖锯齿，外侧基部具内折裂片；小坚果长圆形，长 4～6 mm，纵肋不明显，无毛。花期 4～5 月；果期 9～10 月。

产于我国东北、河北、河南、山东、山西、陕西、宁夏、甘肃；生于海拔 500～2500 m 的山区林内、溪边和石缝中。

木材坚重，可作为家具、玩具等用材；种子含油率达 47%，供制肥皂和润滑油。

叶 枝

树 皮

树 形

毛赤杨

Alnus sibirica Fisch. ex Turcz.

　　桦木科桤木属落叶乔木，高达 20 m，有时呈丛生状；树皮灰褐色，光滑。小枝褐色，有毛。叶近圆形或卵圆形，变化较大，长 3.5 ～ 14 cm，宽 3 ～ 10 cm，先端圆，稀尖，基部圆形、宽楔形或平截，边缘具不规则重锯齿和缺刻，背面粉绿色，常有锈色毛，侧脉 5 ～ 8 对；叶柄长 1 ～ 2.5 cm，有毛。果序 2 ～ 4 集生，近球形或长圆形，长 1 ～ 2 cm；小坚果倒卵形，长约 3 mm，果翅窄而厚，为果宽的 1/4。花期 5 月；果期 8 ～ 9 月。

　　产于我国东北、内蒙古、河北、山东等地；生于海拔 700 ～ 1500 m 的林区湿地、溪旁、河边。

　　木材坚硬，可作为建筑、家具、乐器等用材；果实、树皮可做染料；木炭可制黑色火药。

雄花序枝

壳斗科 FAGACEAE

板栗 *Castanea mollissima* Bl.

壳斗科栗属落叶乔木，高达 20 m，胸径约 1 m；树皮深灰色，不规则深纵裂。幼枝有灰色绒毛，无顶芽。叶片长椭圆形至长椭圆状披针形，顶端渐尖，基部圆形或宽楔形，边缘具尖芒状锯齿，背面有灰白色星状毛及柔毛。雄花序直立，长 9～20 cm；雌花常生于雄花序基部，2～3 朵生于一总苞内。壳斗球形，连刺直径 4～6.5 cm，内含 1～3 枚坚果，侧生的 2 个半球形，直径 2～2.5 cm，暗褐色。花期 5～6 月；果期 9～10 月。

产于辽宁以南各地，除新疆、青海外均有栽培，以华北和长江流域较集中，其中以河北最盛产。

果实为著名干果，营养丰富，尤其是北方板栗，有甜、香、糯的特点，是传统的出口商品；可食用或加工成食品；木材坚重，可作为家具、地板等用材。

壳斗和坚果

板栗林

树 皮

花序枝

果 枝

树 形

栓皮栎 *Quercus variabilis* Bl.

壳斗科栎属落叶乔木，高达 30 m，胸径约 1 m；树皮木栓层特厚。小枝无毛。叶片卵状披针形或长椭圆状披针形，长 8～15 cm，顶端渐尖，基部圆形或宽楔形，边缘具芒状锯齿，侧脉 13～18 对，背面密被灰白色星状毛；叶柄长 1～3 cm。壳斗杯状，包果约 2/3，高约 1.5 cm；小苞片钻形、反卷，有毛；坚果近球形或宽卵形，果脐隆起。花期 3～4 月；果期翌年 9～10 月。

产于辽宁、河北、山西、陕西、甘肃等地；生于海拔 600～1500 m 的阳坡。喜光，生长较快。

木材坚韧，可作为家具、地板等用材；木栓为软木，供制隔音板、冷藏库等用；壳斗可提制栲胶；种子可作为饲料或酿酒；枝干可培养香菇和灵芝等。

树 皮

叶 枝

树 形

果 实

景 观

树 皮

树 形

叶 枝

麻栎 *Quercus acutissima* Carr.

　　壳斗科栎属落叶乔木，高达 30 m，胸径约 1 m；树皮灰褐色，纵裂。小枝灰褐色，初有毛，后脱落。叶片长椭圆状披针形，长 8～19 cm，顶端长渐尖，基部圆形或宽楔形，边缘具芒状锯齿，侧脉 13～18 对，直达齿端，幼时背面被柔毛，老时无毛或近无毛。壳斗杯状，包果约 1/2；小苞片钻形，反卷，有灰白色绒毛；坚果卵形或椭圆形，直径 1.5～2 cm，高 1.7～2.2 cm。花期 3～4 月；果期翌年 9～10 月。

　　产于辽宁以南，南至海南岛，西达四川，东到福建，以黄河中下游和长江流域较多；生于山区。

　　木材坚硬，花纹美观，供制作家具、地板等用；枝和朽木可培养银耳、香菇；叶可饲养柞蚕；种仁可入药、酿酒或作为饲料；壳斗可提制栲胶。

果 枝

雄花序枝

槲树　*Quercus dentata* Thunb.

　　壳斗科栎属落叶乔木，高达 25 m，胸径约
1 m。小枝粗壮，有棱，密被黄褐色星状毛。叶片
倒卵形，长 10～30 cm，顶端钝尖，基部窄楔形或
耳形，边缘具 4～10 对波状裂片或粗锯齿，背面密
被星状绒毛；叶柄长 2～5 mm。壳斗杯形，包果
1/2～2/3；小苞片窄披针形，红棕色，反卷或张开；
坚果卵形或宽卵形，高 1.5～2.3 cm。花期 4～5 月；
果期 9～10 月。

　　产于北自黑龙江南部，南达云南，西至四川，
东到台湾；华北生于海拔 1000 m 以下的阳坡。喜光，
耐寒，深根，萌芽力强，生长速度中等。

　　木材坚硬，耐腐，可作为建筑、家具、地板等
用材；幼叶可饲养柞蚕，老叶用于垫果筐；树皮和
壳斗可提制栲胶；枝干可培养香菇等；为荒山造林
树种。

树 皮

果 枝

树 形

树 皮

果 枝

花序枝

景 观

蒙古栎 *Quercus mongolica* Fisch.

　　壳斗科栎属落叶乔木，高达 30 m，胸径约 60 cm。小枝紫褐色，无毛。叶片倒卵形或倒卵状长椭圆形，长 7 ~ 19 cm，宽 3 ~ 11 cm，顶端钝或急尖，基部耳形，边缘具深波状钝齿，侧脉 7 ~ 11 对，老时背面无毛；叶柄长 2 ~ 5 mm。壳斗碗形，包果 1/3 ~ 1/2；小苞片背部具瘤状突起；坚果卵形或长卵形，直径 1.3 ~ 1.8 cm，高 2 ~ 2.3 cm。花期 5 ~ 6 月；果期 9 ~ 10 月。

　　本种是中国分布最北的一种橡树，北自黑龙江漠河，向南经内蒙古、吉林、辽宁、河北到山东；生于海拔 350 ~ 2000 m 的阳坡。喜光，可耐 −50 ℃低温。

　　木材坚硬，可作为建筑、家具、地板等用材；叶可养蚕；种子含淀粉；树皮和壳斗可提制栲胶。

树 形

辽东栎

Quercus liaotungensis Koidz.

　　壳斗科栎属落叶乔木，高达 15 m。小枝灰绿色，无毛。叶片倒卵形或长倒卵形，长 5～17 cm，宽 2～10 cm，顶端钝圆，基部耳形，边缘具波状圆齿，侧脉 6～9 对，幼时沿脉有毛，老时无毛；叶柄长 2～4 mm。壳斗浅碗形，包果 1/3～1/2；小苞片扁三角形；坚果卵形或卵状椭圆形，直径 1～1.3 cm，高 1.5～1.9 cm。花期 4～5 月；果期 9～10 月。

　　产于黑龙江、吉林、辽宁、内蒙古、河北、山东、山西、陕西、甘肃、宁夏、青海、四川等地；生于海拔 300～2500 m 的地带，常生于阳坡。喜光，耐寒，耐旱，萌芽性强，是改造次生林的保留树种。

　　用途同蒙古栎。

果 实

叶 枝

树形

榆科 ULMACEAE

刺榆 *Hemiptelea davidii* Planch.

　　榆科刺榆属落叶乔木或灌木状，高达 15 m。小枝有短柔毛，老枝具枝刺，长 2～13 cm。叶片椭圆形或长圆形，长 2～6 cm，宽 1～3 cm，顶端钝尖，基部宽楔形，侧脉 8～15 对，边缘具桃尖形单锯齿；叶柄长 2～5 mm。花杂性同株；花萼 4～5 裂；雄蕊 4(5)；雌蕊歪生。小坚果斜卵形，扁平，上半边有鸡冠状翅。花期 4～5 月；果期 8～10 月。

　　产于我国东北、华北、华东、华中和西北；常生于海拔 1200 m 以下的山地和路旁。喜光，耐寒，对土壤要求不严，萌芽性强。

　　木材坚韧、致密，供制作家具、车辆等用；嫩叶可食；茎皮纤维是制作绳和人造棉的原料；种子可榨油；为绿篱和水土保持树种。

果枝

叶枝

树皮

花枝

树形

花枝

垂枝榆（龙爪榆）
Ulmus pumila 'Pendula'

　　榆科榆属落叶乔木。树干上部的主干不明显，分枝较多，细长下垂，树冠呈伞状；枝条不卷曲或扭曲。

　　内蒙古、辽宁、河北、北京、河南等地有栽培。

　　为绿化观赏树种。

行道树

花枝

果枝

树形

树 皮

天然林

白榆 *Ulmus pumila* L.

榆科榆属落叶乔木，高达25m，胸径约1m；树皮暗灰色，纵裂。叶片椭圆状卵形或椭圆状披针形，长2～8cm，宽1.2～3.5cm，先端渐尖，基部偏斜或近对称，边缘具重锯齿或单锯齿，侧脉每边9～16条；叶柄长4～10mm。花先于叶开放，生于前一年生枝上，簇生状。翅果近圆形，长1.2～2cm，果核位于翅果中部；果柄长1～2mm，有毛。花期3～4月；果期4～6月。

产于我国东北、华北、西北和西南等地，长江下游各地有栽培；生于海拔1120m的山地和平原。

木材可作为家具、室内装修等用材；幼果、榆皮面可食用；叶、果、树皮可药用；为用材林和"四旁"绿化树种。

叶 枝

树皮

欧洲白榆（大叶榆）
Ulmus laevis Pall.

　　榆科榆属落叶乔木，高达 30 m，胸径 2 m；树皮淡褐灰色，纵裂。叶宽倒卵形或倒卵圆形，长 5～15 cm，中上部较宽，先端短尾尖或突尖，基部甚偏斜，边缘具锐尖重锯齿，齿端内弯；叶柄长 6～13 mm，有毛。花春季开放，簇生状短聚伞花序，有花 20～30 朵；花柄纤细，不等长，长 6～20 mm。翅果宽椭圆形，长 12～16 mm，两面无毛，边缘有绒毛；果核位于翅果中部或稍下，果柄长 1～3 cm。花、果期 4～5 月。

　　原产于欧洲。我国东北、西北、华北、华东有栽培。

　　木材硬度中等，供制作家具、车辆等用；翅果供药用；为防护林和园林绿化树种。

树形

叶枝

叶　枝

片　林

树　形

裂叶榆

Ulmus laciniata (Trautv.) Mayr.

　　榆科榆属落叶乔木，高达 27 m，胸径约 50 cm；树皮浅纵裂，常薄片状剥落。叶片倒卵形或倒三角状椭圆形，长 7 ~ 18 cm，先端 3 ~ 7 裂，裂片三角形，渐尖或尾尖，不裂的叶先端尾尖，基部明显偏斜，具较深重锯齿，侧脉每边 10 ~ 17 条，表面散生粗糙硬毛，背面有短柔毛；叶柄短，仅 2 ~ 5 mm。翅果椭圆形，长 1.5 ~ 2 cm，果核位于翅果中部或中下部，仅缺口内有毛。花、果期 4 ~ 5 月。

　　产于我国东北、内蒙古、河北、山西、陕西、河南等地；常生于海拔 700 ~ 2200 m 的山区杂木林中。

　　木材硬度适中，可作为家具、车辆、室内装饰等用材。

黑榆 *Ulmus davidiana* Planch.

　　榆科榆属落叶乔木或灌木，高达 15 m，胸径约 70 cm；树皮灰色，不规则纵裂。1 年生枝无毛或疏生毛，小枝有时具辐射状纵裂木栓层。叶卵形或椭圆形，长 4～9 cm，先端短尾尖或渐尖，基部偏斜，表面有毛，不粗糙，背面脉腋有簇生毛，边缘具重锯齿，侧脉每边 12～22 条；叶柄长 5～15 mm，有毛。翅果倒卵形，长 1～1.5 cm；果核有毛，位于翅果中上部或上部，与缺口相连。花、果期 4～5 月。

　　产于吉林、辽宁、河北、山西、陕西、宁夏、甘肃、河南、山东等地；常生于山地。

　　木材坚韧，花纹美丽，可作为家具、室内装饰等用材；枝条可编筐；可选作造林树种。

树皮

叶枝

树形

大果榆（黄榆）

Ulmus macrocarpa Hance

　　榆科榆属落叶乔木，高达 20 m，胸径约 40 cm；树皮深灰色，纵裂。小枝淡褐黄色，具 2 条，稀 4 条扁平木栓翅。叶片宽倒卵形，长 4 ～ 9 cm，先端短尾尖，基部偏斜，有浅钝重锯齿或兼有单锯齿，表面密生硬毛，脱落后有毛迹，粗糙，背面有疏毛，侧脉每边 6 ～ 16 条；叶柄长 2 ～ 10 mm，有毛。翅果近圆形，长 2.5 ～ 3.5 cm，两面和边缘有毛；果核位于翅果中部，柄短。花果期 4 ～ 5 月。

　　产于我国东北、西北、华北和华东等地；生于海拔 700 ～ 1800 m 的山区。阳性树种，耐干旱。

　　木材坚硬，有光泽，供制作家具、车辆等用；翅果含油率高，供医药和工业用。

树 形

树 皮

叶 枝

树形

榔榆

Ulmus parvifolia Jacq.

　　榆科榆属落叶乔木，高达25 m，胸径达1 m；树皮灰褐色，不规则鳞片状剥落。小枝红褐色至灰褐色。叶片长椭圆形或倒卵状椭圆形，长2～5 cm，宽1～2 cm，先端尖或钝，基部稍偏斜，边缘有单锯齿，侧脉每边8～15条，表面光滑，背面脉腋有簇生毛；叶柄长2～6 mm。秋季开花，花2～6朵簇生于当年生枝上，花萼4深裂。翅果椭圆形，长1～1.4 cm，果核位于翅果的中上部。花、果期8～10月。

　　主产于长江流域各地，东至台湾，西到四川，南达广东、广西，华北中南部亦有分布；生于平原和浅山区。

　　木材坚韧，供制作家具、车辆等用；根皮可作为线香原料；为"四旁"绿化、盆景观赏和造林树种。

叶枝

树皮

树皮

春榆

Ulmus davidiana var. *japonica* (Rehd.) Nakai

　　榆科榆属落叶乔木，高达 30 m，胸径约 80 cm；树皮灰白色，不规则开裂。幼枝密被灰白毛，小枝有不规则的木栓翅。叶倒卵形或椭圆形，长 8～12 cm，基部楔形或近圆形，不对称，边缘具重锯齿，侧脉 10～16 对，上面具短硬毛，下面被灰色毛。花簇生。翅果倒卵形或倒卵状椭圆形，果核位于果翅的缺口附近，无毛。花期 4～5 月；果期 5～6 月。

　　产于大、小兴安岭，长白山及河北、陕西、甘肃、山东、安徽等地。

　　木材纹理直，花纹美丽，可作为建筑、家具等用材；叶可作为饲料。

树形

叶枝

叶枝

栓枝春榆

Ulmus japonica f. *suberosa* Kitag.

　　榆科榆属落叶乔木。本种与春榆极其相似，所不同的是，本种的幼枝具有不规则的发达木栓翅，枝与叶多毛。

　　产于小兴安岭、完达山地区。

　　用途同春榆。

大叶朴 *Celtis koraiensis* Nakai

　　榆科朴属落叶乔木，高达 15 m。小枝无毛。单叶互生，叶片椭圆形至倒卵状椭圆形或宽倒卵形，长 7～12 cm，宽 3～10 cm，顶端平截或圆形，有尾状长尖和不整齐裂片，基部偏斜，叶缘有内弯粗锯齿，两面无毛或背面疏生柔毛；叶柄长 5～15 mm。花杂性同株。核果单生于叶腋，近球形至椭圆状球形，直径约 12 mm，橙褐色；果柄长 15～25 mm。花期 4～5 月；果期 9～10 月。

　　产于辽宁、河北、山西、陕西、甘肃、山东、河南、安徽、江苏、湖北等地；生于海拔 1600 m 以下的向阳山坡或岩石间。

　　木材供制作家具、车辆等用；枝皮纤维可作为人造棉和造纸原料；果榨油，供制肥皂或润滑油。

叶 枝

树 形

古 树

树 皮

花枝

果枝

树形

小叶朴（黑弹朴）

Celtis bungeana Bl.

榆科朴属落叶乔木，高达 10 m，胸径约 80 cm；树皮灰色、平滑。小枝褐色，无毛。单叶互生，叶片卵形至卵状椭圆形，长 3～8 cm，宽 2～5 cm，先端渐尖，基部稍偏斜，中部以上有不规则浅锯齿，有时一侧近全缘，三出脉，表面无毛，背面脉腋有毛；叶柄长 3～10 mm。花杂性同株。核果单生于叶腋，球形，直径 6～7 mm，熟时蓝黑色；果柄长 10～25 mm。花期 4～5 月；果期 10～11 月。

产于辽宁、内蒙古、河北、山西、陕西、甘肃，南至长江流域各地区；生于海拔 1000 m 以下的山地或平原。

木材白色，致密，可作为建筑、家具等用材；树皮纤维可作为造纸和人造棉原料。

果枝及叶枝

青檀

Pteroceltis tatarinowii Maxim.

榆科青檀属落叶乔木，高达 20 m，胸径达 1.7 m；树皮灰色，长片状剥落。小枝细。单叶互生，叶片宽卵形至长卵形，长 3 ～ 10 cm，宽 2 ～ 5 cm；三出脉，先端长渐尖，基部稍偏斜，叶质薄，基部以上有不整齐的锯齿，背面脉腋有簇毛；叶柄长 4 ～ 10 mm。花单性，雌雄同株。坚果翅果状，近圆形或近方形，直径 10 ～ 17 mm，翅较宽，先端凹缺，果核球形；果柄长 1 ～ 2 cm。花期 4 月；果期 9 ～ 10 月。

产于辽宁、北京、河北、山西、陕西、甘肃、青海、四川、山东、河南、安徽、江苏、浙江、江西、湖南、湖北、广东、广西等地；常生于石灰岩山地。

木材坚韧，可作为家具、图板等用材；树皮、枝皮纤维为著名宣纸的原料；为石灰岩山地造林树种。

树形

树皮

叶 枝

光叶榉（榉树）
Zelkova serrata (Thunb.) Makino

　　榆科榉属落叶乔木，高达 30 m，胸径达 1 m；树皮灰褐色，老时鳞片状开裂。幼枝有柔毛，后脱落。叶片卵形、椭圆形或卵状披针形，长 3～10 cm，宽 1.5～5 cm，先端长渐尖，基部圆形或浅心形，边缘有圆齿状尖锯齿，侧脉 7～14 对，两面初有毛后渐脱落；叶柄长 2～6 mm，有毛。核果斜卵状圆锥形，上部偏斜，直径 3～4 mm。花期 4 月；果期 10 月。

　　产于甘肃、陕西、山东、江苏、安徽、浙江、福建、台湾、河南、湖北、湖南、四川、云南、贵州、广东等地，辽宁大连有栽培。

　　木材花纹美丽，供制作家具、地板等用；树皮和叶供药用，止热痢，治肿烂恶疮等。

树 形

树 形

树 皮

叶 枝

雄花枝

杜仲科
EUCOMMIACEAE
杜仲
Eucommia ulmoides Oliv.

　　杜仲科杜仲属落叶乔木，高达20 m，胸径50 cm；树皮、枝、叶和果实含银白色胶丝。小枝髓心片状。单叶互生，叶片椭圆形，长6～18 cm，宽3～8 cm，边缘有锯齿，表面微皱。花单性，雌雄异株；无花被，簇生或单生；雄蕊5～12；花药条形；子房上位，2心皮1室，顶生胚珠2。翅果扁平，长椭圆形，连翅长3～4 cm，顶端有凹缺；种子1。花期4～5月；果期10～11月。

　　中国特有种。主产于陕西、湖南、湖北、四川、云南及贵州等地，辽宁南部以南有栽培。

　　木材坚韧，可作为家具、室内装饰等用材；杜仲胶高度绝缘，是耐碱、耐腐蚀的最佳材料；树皮供药用，可降血压；为经济林和园林绿化树种。

人工林景观

果枝

树形

桑科 MORACEAE
蒙桑

Morus mongolica (Bur.) Schneid.

桑科桑属小乔木或灌木，高3～10 m，有白色乳汁。小枝紫红色，无毛。单叶互生，叶片卵形或椭圆状卵形，长8～15 cm，宽5～8 cm，先端尾尖，基部心形，边缘有刺芒状单锯齿，表面、背面幼时均有细毛，后无毛；叶柄长2.5～3.5 cm。花单性，雌雄异株；雄花序长约3 cm，有不育雄蕊；雌花序长约1.5 cm；子房花柱明显，柱头2裂。聚花果圆柱形，红色或紫黑色。花期4～5月；果期6月。

产于我国东北、华北、西北、华东、西南等地；多生于向阳山坡或沟谷。喜光，耐寒。

木材坚硬，供民用；茎皮纤维优质，为造纸和制人造棉原料；根皮（桑白皮）入药，可消炎、利尿；果可食用或酿酒。

叶枝

树皮

白桑 *Morus alba* L.

　　桑科桑属落叶乔木或灌木，高达 15 m，胸径约 50 cm，有白色乳汁。小枝初有毛，后无毛。单叶互生，叶片卵形或宽卵形，长 5～15 cm，宽 5～12 cm，顶端尖或钝，基部圆形或浅心形，锯齿粗钝，有时不规则分裂，仅背面沿脉有毛；叶柄长 1.5～2.5 cm。花单性，单被，柔荑花序，雌雄异株；子房无花柱。聚花果，熟时紫黑色。花期 4～5 月；果期 5～6 月。

　　原产于我国中部和北部，北自哈尔滨，南达广东、广西，东到台湾，西至新疆南部、西藏墨脱有栽培或野生，其中以长江中下游各地最多。

　　叶饲蚕；枝条、叶、果、根可药用；果可食用或酿酒；茎皮纤维可作为牛皮纸、蜡纸和绝缘纸等的原料；木材坚韧，可作家具、雕刻、装饰等用材。

叶 形

果 枝

树 形

树 皮

景 观

果枝

树形

景观

枝干

龙爪桑 *Morus alba* 'Tortuosa'

桑科桑属落叶乔木。枝条扭曲，叶片不裂。河北保定竞秀公园、石家庄长安公园等地栽培供观赏。

树 形

构树

Broussonetia papyrifera (Linn.)
L'Her. ex Vent.

桑科构树属落叶乔木，有白色乳汁。1年生枝密被粗毛。单叶互生或对生，叶片宽卵形，长7～20 cm，宽6～15 cm，不裂或3～5裂，粗锯齿，表面密被短硬毛，背面沿脉和叶柄密被粗毛；叶柄长3～10 cm。花单性，雌雄异株；雄花序为柔荑花序；雌花序为头状花序，直径约1 cm。聚花果球形，直径1.5～3 cm，熟时橙红色。花期4～5月；果期8～9月。

产于我国华北、华中、华东、华南和西南等地；常生于海拔500 m以下的山地、沟谷和平原。喜光，生长快，适应性强。

木材松软，供制作家具、箱板等用；茎皮纤维为宣纸、复印纸等的原料；树皮乳浆用于治疗神经性皮炎和癣症；果、叶可药用；抗烟尘，为矿区绿化树种。

树 皮

果 枝

雄花序枝

花序枝

悬铃木科
PLATANACEAE
一球悬铃木（美国梧桐）
Platanus occidentalis L.

　　悬铃木科悬铃木属落叶乔木，高达 50 m，胸径达 2 m；树冠广阔；幼树皮薄片状脱落，老时小片状开裂，不易脱落，灰褐色。幼枝幼叶密生星状毛，后渐无毛；叶片广三角形，掌状 3～5 浅裂，长 6～16 cm，宽 10～22 cm，中央裂片宽大于长，疏生粗齿；叶柄长 2～7 cm，基部膨大；托叶喇叭形，早落。花单性，雌雄同株，头状花序。果序单生，稀 2 个一串，直径约 3 cm，宿存花柱极短，球面较光滑。小坚果倒圆锥形，基部毛短不外露。花期 4～5 月；果期 9～10 月。

　　原产于北美洲。我国辽宁以南广泛栽培。

　　世界著名行道树和庭荫树种；木材供建筑用，供制作胶合板、家具、玩具等用。

树皮

果枝

树形

冬态枝

树　皮

花序枝

行道树

二球悬铃木（英国梧桐）

Platanus × acerifolia (Ait.) Willd.

　　悬铃木科悬铃木属落叶乔木，是三球悬铃木与一球悬铃木的杂交种。本种与一球悬铃木相似，但树皮不规则大片状脱落，灰白色。叶片掌状3～5裂，长10～24 cm，宽12～25 cm，中央裂片长宽近相等。果序常2个一串，稀1或3，直径约2.5 cm，宿存花柱长2～3 mm，刺状，小坚果之间有超出小坚果的短毛。

　　广植于世界各地，被誉为世界行道树之王。我国除黑龙江、吉林、青海、西藏外广为栽培。喜光，喜温暖气候，不耐严寒。

　　生长快，萌芽力强，耐修剪，寿命长。抗烟尘，对城市环境适应能力极强。

果 枝

三球悬铃木（法国梧桐） *Platanus orientalis* L.

　　悬铃木科悬铃木属落叶乔木。本种与二球悬铃木的区别是：叶片掌状5～7裂，分裂至中部或更深，中央裂片狭长，长大于宽。果序常3个一串，稀1～2或4～6，直径2～2.5cm，宿存花柱突出呈刺状，长3～4mm，表面粗糙。

　　原产于欧洲东南部和亚洲西部。据记载我国晋代已有引种，栽培历史悠久。我国北京以南广泛栽培。

　　树形雄伟，叶大荫浓，树冠开阔，树皮光洁，常选作行道树。但其幼枝、幼叶上有大量的星状毛，如吸入呼吸道易引起肺炎。

　　一球悬铃木、二球悬铃木、三球悬铃木这三种树种，法国梧桐毛最少，英国梧桐毛中等，美国梧桐毛最多，但美国梧桐的变种光叶美国梧桐（*P.occidentalis* var. *glabrata*）叶无毛，可择优选用。

植株

果枝

虎耳草科 SAXIFRAGACEAE

刺梨（刺果茶藨子）　*Ribes burejense* Fr. Schmidt

　　虎耳草科茶藨子属落叶灌木，高达 1.5 m。小枝密生细刺和刺毛，节部具刺 3～7，长 5～10 mm。叶互生或簇生，叶片近圆形，长 1～5 cm，3～5 深裂，裂片先端尖，基部心形，边缘具圆齿，两面和边缘疏生柔毛；叶柄长 1～3.5 cm，疏生腺毛。花两性，1～2 朵腋生；花柄长 3～6 mm；萼片 5，长圆形；花瓣 5，菱形或披针形，粉红色；雄蕊 5；子房下位，有刺毛。浆果球形，直径约 1 cm，成熟后紫黑色，被黄褐色长刺。花期 5～6 月；果期 7～8 月。

　　产于我国东北、河北、山西、陕西；生于山坡林缘或溪旁。喜光，极耐寒。

　　野生果树资源。果富含维生素 C，可食，但以制果酱和酿酒为宜。

果枝

东北茶藨子（山麻子）

Ribes mandshuricum (Maxim.) Kom.

　　虎耳草科茶藨子属落叶灌木，高 1～2 m。小枝褐色，无毛。叶片 3 裂，长 5～10 cm，中裂片稍长，先端尖或渐尖，侧裂片开展，具尖齿，表面疏生细毛，背面密生白色绒毛；叶柄长 2～8 cm，有柔毛。总状花序长 2.5～10 cm，有花 25～35 朵，花序轴和花柄有密毛；花两性，5 基数；花柄长 1～2 mm；萼片反曲；花瓣小，绿色；雄蕊 5，伸出；花柱 2 裂，基部圆锥状。浆果球形，直径 7～9 mm，红色。花期 5～6 月；果期 7～8 月。

　　产于我国东北、河北、河南、山西、陕西、甘肃；生于山坡和林下，较耐阴。

　　果可食，可制果酱和酿酒；种子可榨油；为庭园绿化树种。

植株

瘤糖茶藨子

Ribes emodense var. *verruculosum* Rehd.

　　虎耳草科茶藨子属落叶灌木，高 1～2 m。叶片卵圆形或心形，长宽近相等，均为 3～5.5 cm，3～5 裂，中裂片较长，先端渐尖，基部心形，边缘具不整齐重锯齿，表面光滑，背面脉上和叶柄上有瘤点。总状花序，最长达 12 cm。花两性，绿色带紫色；萼筒钟形，萼裂片 5；花瓣细长，长约 2 mm；雄蕊 5，与萼裂片对生；花柱与雄蕊等长。浆果球形，直径约 8 mm，红色至紫黑色。花期 4～5 月；果期 7 月。

　　产于河北、河南、山西、陕西、甘肃、湖北、四川；生于海拔 1400～2900 m 的林下和林缘。耐寒，耐阴，适应性强。

　　果可食用或酿酒；为观赏树种。

植株

楔叶茶藨子

Ribes diacanthum Pall.

　　虎耳草科茶藨子属落叶灌木，高 1～2 m。小枝无毛，节上有一对小刺。叶片倒卵形，长 1～4.5 cm，3 浅裂，基部楔形，裂片有齿，背面灰白色，两面无毛；叶柄长 1～2 cm。花黄绿色，单性，雌雄异株；总状花序，长 2～4 cm，有花 10～20 朵；雄花直径约 5 mm，萼 5 深裂，裂片长 1.5～2 mm；花瓣 5，比萼片短，花药近球形，子房不育；雌花比雄花小，雄蕊退化，子房近球形。浆果球形，直径 5～10 mm，红色。花期 5～6 月；果期 8 月。

　　产于黑龙江、内蒙古、河北，哈尔滨有栽培，生长良好；生于山坡、沙丘、沙地、河岸林下。抗寒，耐干旱，适应性强。

　　为固沙、观赏树种；果可食。

叶 枝

果 枝

植 株

果 枝

叶 枝

黑果茶藨子（黑加仑）

Ribes nigrum L.

　　虎耳草科茶藨子属落叶灌木，高1～2m。小枝黄褐色，散生黄色腺点及短柔毛。叶片近圆形，长4～7cm，常3浅裂，或不明显5裂，裂片三角状，先端尖，基部心形，边缘具不规则钝齿，表面无毛，背面被短柔毛和树脂点；叶柄长2～6cm，有柔毛。总状花序较短，长约2cm，常具3～9朵花，花序轴密生短柔毛；花两性，淡绿色、淡黄色；萼筒有柔毛和树脂点，萼裂片舌状。浆果近球形，直径约1cm，黑紫色，散生黄腺点。花期5～6月；果期7～8月。

　　广布于欧、亚两洲。我国新疆阿尔泰有野生，内蒙古、黑龙江、河北有栽培。

　　果富含多种维生素，除可鲜食外，还可制成果汁、果酱、果酒等，经济价值较高。

花 枝

植 株

大花溲疏 *Deutzia grandiflora* Bge.

虎耳草科溲疏属落叶灌木,高达2m。小枝中空,灰褐色,疏生星状毛。单叶对生,叶片卵形,长2~5cm,先端渐尖,基部圆形,具不整齐细密锯齿,表面粗糙,疏生星状毛,辐射枝3~6,背面密生灰白色星状毛,辐射枝6~9;叶柄长2~3mm。花1~3,生于侧枝顶端,白色,直径2.5~3.7cm;花萼密生星状毛;花瓣5,长圆形或倒卵状椭圆形;雄蕊10,花丝带状,上部具2长裂齿;花柱3。蒴果半球形,花柱宿存。花期4月;果期6月。

产于内蒙古、辽宁、河北、河南、山西、陕西、甘肃等地,山区有野生,各地公园有栽培。

本种花大,开花早,颇为美丽,宜植于庭园供观赏或作为山地水土保持树种。

小花溲疏 *Deutzia parviflora* Bge.

虎耳草科溲疏属落叶灌木,高1~2m。小枝中空,疏生星状毛。单叶对生,叶片卵形至窄卵形,长3~6cm,先端渐尖,基部圆形或宽楔形,具细锯齿,表面疏生星状毛,辐射枝5~6,背面灰绿色,疏被中央具单毛的星状毛,辐射枝5~9;叶柄长3~9mm。伞房花序,直径4~7cm,多花;花柄和花萼密生星状毛;花瓣5,白色,倒卵圆形,长4~6mm;雄蕊10,花丝上部无裂齿;子房下位,花柱3。蒴果扁球形,直径2~2.5mm,3裂,有星状毛。花期5~6月;果期8月。

产于内蒙古、吉林、辽宁、河北、河南、山东、山西、陕西、甘肃,各地有栽培;生于山区。

野生花卉;为观赏或水土保持树种。

花 枝

花 枝

白花重瓣溲疏
Deutzia scabra 'Candidissima'

虎耳草科溲疏属落叶灌木，为溲疏的栽培变种。高达2 m。小枝中空，幼时疏生星状毛。单叶对生，叶片卵状椭圆形，长3～8 cm，具不明显小刺尖状齿，两面有星状毛，粗糙。花重瓣，纯白色，直立圆锥花序。

北京、保定有栽培。

夏季开白花，重瓣更加美丽。宜丛植于草坪、路旁和山坡。

花枝

东陵八仙花
Hydrangea bretschneideri Dipp.

虎耳草科绣球属落叶灌木或小乔木，高达4 m；树皮薄片状剥裂。小枝紫红色，幼时有毛。单叶对生，叶片椭圆形或倒卵状椭圆形，长5～13 cm，先端渐尖，基部楔形，尖锯齿，背面灰绿色，密生卷曲长柔毛；叶柄长1～3 cm，带红色。伞房花序，直径10～15 cm，周围有不育花；萼片4，近圆形，先白色，后变浅粉紫色；两性花白色，小；花萼、花瓣5；雄蕊10；子房下位；花柱3。蒴果近卵形，花萼宿存。花期6～7月；果期8～9月。

产于内蒙古、辽宁、河北、河南、山西、陕西、甘肃、四川等地；生于海拔2600 m以下的山区。

花颇为美丽，宜在公园、庭园、风景区栽植；木材致密，供制作家具等用。

花枝

花枝

植 株

圆锥绣球
Hydrangea paniculata
Sieb.

　　虎耳草科绣球属灌木或小乔木，高达8 m。小枝粗壮，略呈方形。单叶对生，上部枝叶常3叶轮生，叶片椭圆形或卵状椭圆形，长5～10 cm，先端渐尖，基部宽楔形，具内曲细锯齿，背面有刚毛及短柔毛。圆锥花序，不育花具4萼片，近圆形，全缘，白色后变淡紫色。花期8～10月。

　　产于江苏、安徽、浙江、江西、福建、台湾、湖南、湖北、贵州、广东、广西；生于阴湿的山谷、溪边、杂木林内、灌丛中。

　　我国南北各地栽培供观赏。

花 枝

果 枝

东北山梅花

Philadelphus schrenkii Rupr.

虎耳草科山梅花属落叶灌木，高的4m。枝条对生，小枝褐色，初有毛，后渐无毛，皮剥落。单叶对生，叶片卵形或卵状椭圆形，长4～7cm，先端渐尖，基部宽楔形或楔形，边缘有疏锯齿或近全缘，表面无毛，背面疏生短柔毛。总状花序有花5～7朵，花序轴和花柄密生柔毛；萼筒有疏柔毛，裂片4；花直径3～3.5cm，花瓣4，白色，长圆状倒卵形，芳香；花柱上部4裂。蒴果球状倒圆锥形，长6～9mm。花期6月；果期8～9月。

产于黑龙江、吉林、辽宁；多生于海拔1500m以下的山地针阔混交林下或灌丛中。阳性，稍耐阴。

花朵洁白如雪，可作为风景区和庭园绿化观赏树种，宜丛植于草坪、山坡和建筑物前。

植 株

果 枝

花 枝

北京山梅花（太平花）
Philadelphus pekinensis Rupr.

　　虎耳草科山梅花属落叶灌木，高达3 m。枝条对生，小枝紫褐色，无毛。单叶对生，叶片卵形或长卵形，长3～6 cm，先端长渐尖，基部宽楔形或近圆形，三主脉，叶缘疏生小齿，两面无毛，有时背面脉腋有毛；叶柄长4～8 mm。总状花序5～9朵花，花直径2～3 cm，微香；花萼4裂，无毛；花瓣4，倒卵圆形，乳白色；子房下位，花柱上部4裂。蒴果陀螺形。花期6月；果期9～10月。

　　产于内蒙古、辽宁、河北、河南、山西、四川等地；多生于海拔700～1500 m的山地疏林或灌丛中。

　　花乳白色，清香美丽。据传宋仁宗赐名"太平圣瑞花"，流传至今。北京故宫御花园中有栽培。宜丛植于草坪中、假山旁和建筑物前。

植 株

果序枝

蔷薇科 ROSACEAE

柳叶绣线菊

Spiraea salicifolia L.

　　蔷薇科绣线菊属落叶灌木，高 1～2 m。小枝灰紫色，具棱。单叶互生，叶片长圆状披针形或披针形，长 4～8 cm，宽 1～2.5 cm，先端渐尖，基部楔形，边缘具锐锯齿或重锯齿，两面无毛；叶柄长 1～4 mm；无托叶。圆锥花序，生于当年新枝顶端，长 6～13 cm，花密集。花两性，粉红色，直径 5～7 mm；萼片 5；花瓣 5；雄蕊多数，长于花瓣近 2 倍；心皮 5，离生。果无毛或沿腹缝线有毛，萼片常反折。花期 6～8 月；果期 8～9 月。

　　产于黑龙江、吉林、辽宁、内蒙古、河北；生于海拔 200～900 m 的山谷、草原、沼泽地。

　　花美丽，花期长，供观赏；根、枝皮和嫩叶可药用，用于治跌打损伤、关节痛等；为蜜源植物。

花序枝

花序枝

粉花绣线菊（日本绣线菊）
Spiraea japonica L. f.

　　蔷薇科绣线菊属落叶灌木，高达 1.5 m。小枝灰褐色，有柔毛。单叶互生，叶片卵形或卵状椭圆形，长 2～8 cm，宽 1～3 cm，先端急尖或渐尖，基部楔形，边缘具缺刻状重锯齿或单锯齿，表面深绿色，背面灰蓝色，沿脉常有柔毛；叶柄长 1～3 mm，有短柔毛。复伞房花序，生于当年生新枝顶端，花密集，密生柔毛；萼片 5；花瓣 5，卵形至圆形，粉红色；雄蕊 25～30，比花瓣长。果半张开，萼片直立。花期 6～7 月；果期 8～9 月。

　　原产于日本。我国河北涞源、山西旬子梁有分布，北京和华东等地有栽培。喜光、耐水湿。

　　花色娇艳，可在花坛、草坪、园路角隅处栽植，构成夏日美景；根可药用，用于清热止咳。

毛花绣线菊
Spiraea dasyantha Bge.

　　蔷薇科绣线菊属落叶灌木，高 2～3 m。小枝细，呈"之"字形曲折，幼枝密生绒毛，后脱落。单叶互生，叶片菱状卵形，长 2.5～4.5 cm，宽 1.5～3 cm，先端急尖或圆钝，基部楔形，自甚部 1/3 以上具深锯齿或裂片，表面疏生短柔毛；叶背面、叶柄、花序总梗、花柄、花萼外表均密生灰白色绒毛。伞形花序，有花 10～20 朵，花直径 4～8 mm；萼片 5；花瓣 5，白色；雄蕊 20～25，长约为花瓣的一半；花盘圆环状。果张开，有绒毛，萼片直立张开，稀反曲。花期 5～6 月；果期 7～8 月。

　　产于内蒙古、辽宁、河北、山西、湖北、江苏、江西；生于海拔 400～1150 m 的向阳山坡。

　　为绿化观赏和水土保持树种。

植 株

花序枝

三裂绣线菊
Spiraea trilobata L.

　　蔷薇科绣线菊属落叶灌木，高1～2m。小枝细，紫红色，无毛。单叶互生，叶片近圆形，长1.7～3cm，宽1.5～3cm，先端钝，常3裂，基部圆形、楔形或近心形，中部以上具少数圆钝齿，两面无毛，基部具3～5脉；叶柄长1～5mm。伞形花序有总梗，无毛，有花15～30朵；花两性，白色，直径6～8mm；花瓣宽倒卵形，先端微凹；雄蕊18～20，比花瓣短；子房有毛。果张开，萼片直立。花期5～6月；果期7～9月。

　　产于黑龙江、内蒙古、辽宁、河北、河南、山东、山西、陕西、甘肃；生于海拔450～2400m的山地。

　　常栽于庭园供观赏，宜植于岩石园内。

绢毛绣线菊　*Spiraea sericea* Turcz.

　　蔷薇科绣线菊属落叶灌木，高达2m。小枝灰红色，幼时有柔毛。叶片卵状椭圆形或椭圆形，长1.5～3cm，不孕枝上的叶有时长约4.5cm，先端急尖，基部楔形，全缘或具2～4锯齿，表面疏生柔毛，背面灰绿色，密生平伏长绢毛，羽状脉显著；叶柄长1～2mm，密生绢毛。伞形总状花序，有花10～30朵；花瓣白色；雄蕊15～20，和花瓣等长或比花瓣长1倍。果直立张开，有柔毛，萼片反折。花期6月；果期7～8月。

　　产于黑龙江、吉林、辽宁、内蒙古、河北、河南、山西、陕西、甘肃、四川；生于海拔200～2100m的干燥山坡和杂木林中。

　　野生花卉，供观赏；为水土保持、薪炭林树种。

花序枝

植　林

麻叶绣线菊　*Spiraea cantoniensis* Lour.

　　蔷薇科绣线菊属落叶灌木，高达 1.5 m。小枝紫红色，拱曲，无毛。单叶互生，叶片菱状长圆形至菱状披针形，长 3～5 cm，先端急尖，基部楔形，中部以上具缺刻状锯齿，两面无毛，表面深绿色，背面青蓝色，羽状脉；叶柄长 4～7 mm，无毛。伞形花序，花较多；花柄长 8～14 mm，无毛；花直径 5～7 mm；花瓣白色；雄蕊20～28，稍短于花瓣或与花瓣近等长；子房近无毛。果直立开张，无毛，萼片直伸。花期 4～5 月；果期 7～9 月。

　　产于河北、河南、陕西、安徽、江苏、浙江、江西、福建、广东、广西等地，各地广为栽培。

　　早春开花，花白似雪，叶子翠绿，宜植于草坪、路旁、山坡等地，为优美花灌木。

景　观

花序枝及叶枝

花序枝

珍珠梅

Sorbaria sorbifolia A. Br.

　　蔷薇科珍珠梅属落叶灌木，高达 2 m。小枝无毛或有短柔毛。奇数羽状复叶互生，小叶 11～21，披针形至卵状披针形，长 4～7 cm，先端渐尖，基部稍圆，稀偏斜，边缘具尖锐重锯齿，两面无毛或近无毛，侧脉 12～16 对；近无柄。圆锥花序顶生，长 10～20 cm，花小而密集；花 5 基数，花瓣矩圆形或倒卵形，长 5～7 mm，白色；雄蕊 40～50，比花瓣长 1.5～2 倍；心皮 5，仅基部合生，花柱顶生。果长圆形，萼片反折。花期 6～10 月；果期 9～10 月。

　　产于我国东北、内蒙古，北京、河北有栽培；生于海拔 250～1500 m 林缘或疏林中。喜光，耐修剪。

　　白花绿叶，花期很长，为优良绿化观赏树种；枝条和果实可药用，主治跌打损伤。

花 枝

华北珍珠梅
Sorbaria kirilowii (Regel) Maxim.

蔷薇科珍珠梅属落叶灌木，高 2～3 m。小枝无毛。奇数羽状复叶互生，小叶 13～21，卵状披针形，长 4～7 cm，先端渐尖，基部圆形或宽楔形，边缘具尖锐重锯齿，两面无毛，侧脉 15～23 对；小叶近无柄。圆锥花序顶生，长 15～20 cm，花小较密集；花 5 基数，花瓣近圆形，长 4～5 mm，白色；雄蕊 20～25，与花瓣等长或稍短；心皮 5，基部连合，无毛，花柱稍侧生。果长圆形，萼片反折，稀开展。花期 5～10 月；果期 6～11 月。

产于我国华北、西北，华北各地多有栽培；生于海拔 200～1500 m 的山坡或杂木林中。喜光又耐阴。

花、叶秀丽，花期极长，遇少花季节甚显珍贵，为优良花灌木。

植 株

果枝

花枝及叶枝

植株

白鹃梅

Exochorda racemosa (Lindl.) Rehd.

　　蔷薇科白鹃梅属落叶灌木，高3～5m。小枝微有棱。单叶互生；叶片椭圆形或倒卵状椭圆形，长3.5～6.5cm，先端钝圆或短尖，基部楔形，全缘或上部有钝齿，无毛；叶柄长5～15mm，或近无柄。总状花序，花6～10；花两性，直径2.5～3.5cm；花5基数，花瓣倒卵形，基部有短爪，白色；雄蕊15～20，3～4枚一束，着生花盘边缘；心皮5，合生。蒴果倒圆锥形，棕红色，有5棱，长约1cm；果柄长3～8mm。花期4～5月；果期6～8月。

　　产于山西、河南、江苏、浙江、江西、北京、河北、山东等地有栽培；生于海拔250～500m的山地阳坡或杂木林中。喜光，适应性强。

　　为优美观赏树种；根皮、枝皮可药用，主治腰痛。

植株

风箱果

Physocarpus amurensis
(Maxim.) Maxim.

　　蔷薇科风箱果属落叶灌木，高达3 m；树皮纵向剥落。小枝幼时紫红色，老时灰褐色。单叶互生，叶片三角状卵形至宽卵形，长 3.5～5.5 cm，先端 3～5 浅裂，基部心形，稀平截，边缘有重锯齿，背面有星状毛或短柔毛，沿脉较密；叶柄长 1～2.5 cm；托叶早落。伞形总状花序顶生，直径 3～4 cm，总花梗和花柄密生星状毛；花直径 0.8～1.3 cm，花 5 基数；花萼有星状毛；花瓣倒卵形，白色；雄蕊 20～40，花药紫色；雌蕊 2～4，基部合生，外生星状毛。果膨大，密生星状毛。花期 6 月；果期 7～8 月。

　　产于黑龙江、河北、河南；常生于海拔 800 m 以下的沟谷或灌丛中。喜光。

　　为良好的观赏树；种子可榨油。

花枝及叶枝

景 观

果 枝

无毛风箱果
（北美风箱果）
Physocarpus
opulifolius Maxim.

　　蔷薇科风箱果属落叶灌木，高达3 m。小枝幼时绿色，老时黄褐色。单叶互生，叶片阔披针形或有3浅裂，长约7 cm，先端锐尖，基部楔形，边缘有重锯齿，表面深绿色，背面灰绿色；叶柄长1～2 cm。伞房花序，直径2～4 cm，总花梗和花柄密生星状毛；花蕾粉红色，花白色，花直径5～10 mm，花5基数；花萼密生星状毛；花瓣倒卵形，长约4 mm；雄蕊20～30，长于花瓣，花药紫色；雌蕊2～3，基部合生，外密生毛。果无毛。花期7月；果期8月。

　　原产于北美洲。我国哈尔滨、熊岳、沈阳、青岛等地有栽培。

　　为绿化观赏树种。

植 株

花 枝

野蔷薇（多花蔷薇）
Rosa multiflora Thunb.

　　蔷薇科蔷薇属落叶灌木，直立或蔓生，高达3m。枝细长，有皮刺。羽状复叶互生，小叶5～9，倒卵状圆形至长圆形，长1.5～5cm，先端急尖或圆钝，基部宽楔形或圆形，边缘具锐锯齿，背面有柔毛；叶柄和叶轴常有腺毛；托叶大部与叶柄连合，羽裂，有腺毛。圆锥状伞房花序，花多数；花柄有腺毛；花白色，芳香，直径2～3cm；花柱结合成束，与雄蕊等长。蔷薇果近球形，直径6～8mm，红褐色或紫褐色。花期5～6月；果期8～9月。

　　产于我国华北、华东、华中、华南及西南；生于低山地区。栽培甚多，城市绿化常见。

　　宜植为花篱；花、果及根可入药，有下泻或利尿的功效；常用作各类月季和蔷薇的砧木。

白玉棠
Rosa multiflora var. *albo-plena* Tü et Ku

　　我国蔷薇科蔷薇属落叶灌木。花重瓣，白色。
　　我国南北各地广泛栽培。
　　供花柱、花门、花篱、花架等用，也可盆栽或作为切花材料。

花 枝

花枝

植株

荷花蔷薇（七姊妹）
Rosa multiflora var. *carnea* Thory

　　蔷薇科蔷薇属落叶灌木。花重瓣，粉红色，多朵成簇，甚美丽。
　　北京、天津、河北等地普遍栽培。
　　供观赏，可作为护坡和棚架树种。

景观

植 株

大叶蔷薇（刺蔷薇）
Rosa acicularis Lindl.

　　蔷薇科蔷薇属落叶灌木，高1～2m。小枝有细直皮刺，常密生针刺，偶无刺。羽状复叶互生，小叶3～7，小叶片宽椭圆形或长圆形，长2～5cm，先端急尖或圆钝，基部近圆形，边缘有单锯齿或不明显重锯齿，表面无毛，背面沿脉有毛，托叶大部分贴生于叶柄，边缘有腺齿。花两性，单生或2～3朵集生，直径3～5cm；花柄密生腺毛；花瓣5，粉红色，芳香；花柱离生，有毛，比雄蕊短。蔷薇果长椭圆形或倒卵球形，红色。花期6～7月；果期7～9月。

　　产于我国东北、西北、华北；生于海拔450～1820m的山坡向阳处、灌丛、林下和小溪旁。

　　为绿篱和观赏树种；果可制果酱和药用；花瓣含芳香油，可食用或提取芳香油。

花 枝

果 枝

叶 枝

月季花 *Rosa chinensis* Jacq.

蔷薇科蔷薇属常绿或落叶灌木，高达 2 m。小枝粗壮，有钩状皮刺或无刺。羽状复叶互生，小叶 3～5(7)，宽椭圆形至卵状长圆形，长 2.5～6 cm，边缘具锐锯齿，两面无毛；叶柄和叶轴散生皮刺；托叶大部分贴生于叶柄，边缘有腺毛。花单生或几朵成伞房状，花柄有腺毛或无毛；花直径 4～6 cm，重瓣至半重瓣，紫红色、粉红色至白色；花柱离生。蔷薇果卵球形或梨形，长 1～2 cm，红色。花期 4～9 月；果期 9～11 月。

原产于中国。各地普遍有栽培。

园艺品种近 1000 种，颜色有红、黄、粉、紫、橙、白等，丰富多彩，为北京、天津、石家庄、大连的市花。花期长，为著名观赏花木；花蕾及根可药用，用于活血消肿。

花枝及叶枝

花 枝

景 观

月月红（紫月季花） *Rosa chinensis* var. *semperflorens* Kodhne

蔷薇科蔷薇属落叶灌木。枝条纤细，有短皮刺或近无刺。小叶5～7，较薄，常带紫红色。花多单生，深红色或深紫色，重瓣，花柄细长。

我国各地均有栽培。

花色艳丽，花期长，宜在花坛、草坪、园路角隅、庭院、假山等处配植，亦可盆栽或做切花用。

植 株

果枝

花枝

树形

绛桃

Prunus persica f.
camelliaeflora Dipp.

　　蔷薇科樱属落叶乔木。花半
重瓣，深红色。
　　全国各地均有栽培。
　　栽培供观赏。

白碧桃 *Prunus persica* f. *albo-plena* Schneid.

蔷薇科樱属落叶乔木。花半重瓣，白色。

北京、河北等地有栽培。

栽培供观赏。

花枝

花枝

花 枝

花 枝

树 形

洒金碧桃

Prunus persica f. *versicolor* (Sieb.) Voss

　　蔷薇科樱属落叶乔木。花半重瓣或近重瓣，白色或红色，同一枝上的花兼有红色和白色，或白花瓣上有红色条纹。

　　北京、天津、河北等地有栽培。栽培供观赏。

紫叶桃
Prunus persica
f. *atropurpurea*
Schneid.

　　蔷薇科樱属落叶乔木。
叶紫红色。花单瓣或重瓣，淡
红色。
　　全国各地均有栽培。
栽培供观赏。

花 枝

树 形

垂枝碧桃
Prunus persica f.
pendula Dipp.

　　蔷薇科樱属落叶乔木。枝下垂。
花重瓣，红色和白色。
　　栽培供观赏。

果枝

蟠桃
Prunus persica var. *compressa*
(Loud.) Yü et Lu

　　蔷薇科樱属落叶乔木。果实扁平，两端凹入；核圆形，有深沟纹。

　　北京、天津、河北、山东、江苏、浙江等地有栽培，南方较多。

　　栽培供食用。

扁桃（巴旦杏）　*Prunus amygdalus* Batsch

　　蔷薇科樱属落叶乔木，高达 10 m。小枝灰绿色，无毛。叶片倒卵状披针形或披针形，长 4 ～ 6 (12) cm，先端急尖或渐尖，基部楔形，边缘具钝锯齿，无毛；叶柄有腺体。花单生，先叶开放；萼裂片边缘有毛；花瓣倒卵圆形，先端钝或微凹，白色至粉红色；雄蕊 25 ～ 40；心皮 1，子房有毛。核果斜卵形，长 3 ～ 4.3 cm，直径 2 ～ 2.5 cm，密被毛；核椭圆形，两侧扁，先端尖，黄白色至褐色，基部有小孔穴。花期 3 ～ 4 月；果期 7 ～ 8 月。

　　原产于亚洲西部。我国新疆、青海、甘肃、陕西、山东、河北等地有少量栽培。

　　种子可食用和榨油，种子入药，有润肺、止咳、平喘、化痰的功效。为园林绿化树种。

果枝

花枝

树形

花 枝

山桃
Prunus davidiana (Carr.) Franch.

　　蔷薇科樱属落叶乔木，高达 10 m；树皮暗紫色，有光泽。小枝红褐色，无毛。侧芽并生。单叶互生，叶片卵状披针形，长 5 ～ 13 cm，先端长渐尖，基部宽楔形，边缘具细锐锯齿，两面无毛；叶柄长 1 ～ 2 cm，有腺体。花单生，两性，先叶开放，直径 2 ～ 3 cm；花萼无毛；花瓣倒卵状圆形，粉红色或白色；雄蕊 25 ～ 30；心皮 1，有短柔毛。核果近球形，直径约 3 cm，淡黄色，有沟，有毛，果肉薄而干，不可食。花期 3 ～ 4 月；果期 7 ～ 8 月。

　　产于内蒙古、河北、河南、山东、山西、陕西、甘肃、四川、云南；生于海拔 800 ～ 3200 m 的山区。

　　可供观赏；在我国华北作为杏、桃、李、樱桃的砧木；种子可榨油、食用或入药。

树 形

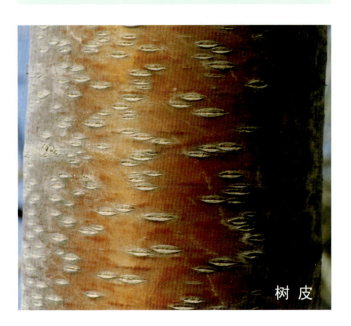

树 皮

树 形

花 枝

樱花（山樱花） *Prunus serrulata* Lindl.

　　蔷薇科樱属落叶乔木，高达8m。小枝紫褐色，无毛。单叶互生，叶片卵状椭圆形或倒卵状椭圆形，长5～9cm，先端渐尖，基部圆形，边缘具重或单而微带刺芒的锯齿，两面无毛；叶柄长1～1.5cm，具1～3腺体。伞房总状或近伞形花序，有花3～6朵，花叶同放；花直径2～3cm；萼筒无毛；花瓣倒卵形，先端凹，白色或粉红色；雄蕊多数；心皮1，无毛。核果球形，直径8～10mm，先红色后变紫黑色。花期4～5月；果期6～7月。

　　产于黑龙江、河北、山东、河南、江苏、安徽、浙江、江西、湖南、贵州；生于山谷。

　　为庭园观赏树。樱花为日本国花，品种很多，主要由本种及其变种与其他种类杂交培育而成。

树形

红白樱花
Prunus serrulata f. *albo-rosea*
Wils.

　　蔷薇科樱属落叶乔木。花重瓣，花蕾淡红色，开后变白色。
　　北京、河北等地有栽培。
　　栽培供观赏。

花枝

树 形

日本晚樱

Prunus lannesiana Wils.

　　蔷薇科樱属落叶乔木，高达 10 m。小枝粗壮，无毛。叶片倒卵形或椭圆形，长 5～15 cm，先端长尾状渐尖，边缘有长芒状重锯齿，两面无毛；叶柄长 1～2.5 cm，上部有 2 腺体。伞房花序，有花 1～5 朵，花总梗短，长 2～4 cm，有时无总梗；花柄长 1.5～2 cm，均无毛；萼筒短，无毛；花瓣先端凹形；单瓣或重瓣，常下垂，粉红色或近白色。果卵形，成熟时黑色，有光泽。花期 4 月；果期 5～6 月。

　　原产于日本。我国北京、天津、河北、山东等地有栽培。

　　日本晚樱的园艺品种很多，为优美观赏树种，最宜群植，并配植常绿树作为衬托。

树 皮

花 枝

黄樱（郁金）

Prunus lannesiana f. grandiflora
(Wagner) Wils.

　　蔷薇科樱属落叶乔木。花重瓣，稀单瓣，浅黄绿色，最外方花瓣背部带淡红色，直径约 4 cm。

　　全国各地均有栽培。

　　栽培供观赏。

树 形

花 枝

毛樱桃 *Prunus tomentosa* Thunb.

　　蔷薇科樱属落叶灌木，稀小乔木，高2～3 m。小枝紫褐色或灰褐色，幼时密生绒毛，后渐脱落。叶片倒卵形、椭圆形或卵形，长2～7 cm，先端急尖或渐尖，基部楔形，边缘具尖锯齿，表面深绿色，有皱纹，被柔毛，背面灰绿色，密生灰色绒毛，后渐脱落，侧脉4～7对；叶柄长2～8 mm，有毛。花单生或2朵并生；萼筒管状；花瓣倒卵形，白色或粉红色；雄蕊20～25；心皮1，有毛。核果近球形，直径约1 cm，红色。花期4～5月；果期6～9月。

　　产于我国东北、华北、西北、西南等地，各地均有栽培；生于海拔100～3000 m的山区。

　　北方常栽于庭院供观赏；果可食用或酿酒；种仁入药，有润肠、利尿的功效；种仁含油率达43%，可制肥皂。

树形

果枝

树 形

日本樱花（东京樱花）
Prunus yedoensis Matsum.

蔷薇科樱属落叶乔木，高达 16 m；树皮暗褐色，平滑。小枝淡紫褐色，无毛。叶片椭圆状卵形或倒卵形，长 5～12 cm，先端渐尖或尾尖，基部圆形，边缘具尖锐重锯齿，齿尖有小腺体，侧脉 7～10 对；叶柄常有腺体。伞形总状花序，有花 3～6 朵，总梗极短，先叶开放；花柄长 2～2.5 cm，有柔毛；花萼有毛；花瓣椭圆状卵形，先端凹，白色或淡红色；雄蕊多数；心皮 1，与雄蕊近等长。核果近球形，直径约 1 cm，黑色。花期 4 月；果期 5 月。

原产于日本。我国广泛栽培，尤以华北和长江流域各城市居多。

花朵秀丽，为著名观赏花木，宜植于山坡、庭院、建筑物前及园路旁。

花 枝

花枝

植株

郁李

Prunus japonica Thunb.

　　蔷薇科樱属落叶灌木，高约 1.5 m。小枝细密，无毛。叶片卵形或卵状披针形，长 4～7 cm，先端渐尖，基部圆形，具浅锐重锯齿，两面无毛或背面沿脉有柔毛；侧脉 5～8 对；叶柄长 2～3 mm；托叶早落。花单生或 2～3 朵簇生，花柄长 5～10 mm；萼筒陀螺形，无毛；花瓣倒卵状椭圆形，白色或粉红色；雄蕊多数；心皮 1，无毛。核果近球形，直径约 1 cm，深红色，光滑。花期 5 月；果期 7～8 月。

　　产于我国东北、华北、华中及华南，各地城市有栽培；生于 800 m 以下山区。

　　为观赏树种；果可鲜食；种仁可药用，有健胃润肠、利水消肿的功效。

植 株

果枝及叶枝

长柄郁李 *Prunus japonica* var. *nakaii* (Lévl.) Rehd.

　　蔷薇科樱属落叶灌木。本变种与郁李主要不同在于花柄长 1～2 cm；叶片卵圆形，边缘锯齿较深；叶柄较长，3～5 mm。花期 5 月；果期 6～7 月。

　　产于黑龙江、吉林、辽宁；生于山地阳坡。

　　花密集，艳丽，供观赏；种仁含油率达 55%，可药用；果可食用或酿酒。

欧李 *Prunus humilis* Bge.

　　蔷薇科樱属落叶灌木，高达 1.5 m。小枝细，红褐色，幼时有毛。叶片倒卵状长椭圆形或倒卵状披针形，长 2.5～5 cm，中部以上最宽，先端急尖或短渐尖，基部楔形，边缘具单锯齿或重锯齿，无毛或背面有疏柔毛；侧脉 6～8 对；叶柄长 2～4 mm。花叶同放，单生或 2～3 朵簇生；花柄长 0.5～1 cm；萼筒钟状，花后反折；花瓣白色或粉红色；雄蕊多数；心皮 1，无毛。核果近球形，直径约 1.5 cm，红色或紫红色。花期 4～5 月；果期 6～10 月。

　　产于我国东北、内蒙古、河北、河南、山东，各地均有栽培；生于海拔 100～1800 m 的山地、沙地。

　　果可鲜食或酿酒；种仁药用，有润肠、利尿、消肿的功效；为干旱地区有发展前途的果树和观赏花木。

果 枝

花 枝

植 株

重瓣粉花麦李
Prunus glandulosa f. sinensis
Koehne

　　蔷薇科樱属落叶灌木。叶披针形至长圆状披针形。花重瓣，粉红色，花柄长1～1.6 cm。
　　产于我国中部与北部，各地均有栽培。
　　春天开花，满树灿烂，甚为美丽，宜植于草坪、路边和假山旁；为盆栽或切花材料。

花 枝

叶 枝

果 枝

花 枝

景 观

稠李 *Prunus padus* L.

蔷薇科樱属落叶乔木，高达 15 m。小枝紫红色或灰紫色，无毛。叶片椭圆形、长圆形或长圆状倒卵形，长 4 ～ 10 cm，先端尾尖，基部圆形或宽楔形，具细锐锯齿，表面深绿色，背面灰绿色，两面无毛，叶柄长 1 ～ 1.5 cm，常有 2 腺体。总状花序，常有花 20 余朵，基部具小叶 1 ～ 4；花直径 1 ～ 1.6 cm；花萼无毛；花瓣白色，芳香；雄蕊 20 ～ 35；心皮 1；花柱比雄蕊短近 1/2。核果近球形，直径约 1 cm，黑色或紫红色，有光泽。花期 4 ～ 6 月；果期 7 ～ 9 月。

产于我国东北、内蒙古、河北、河南、山东、山西、陕西、甘肃；生于海拔 880 ～ 2500 m 的山区。

木材细致，供制作家具等用；叶入药，有镇咳的功效；果可治腹泻；为观赏和蜜源树种。

树形

山桃稠李
Prunus maackii (Rupr.) Kom.

　　蔷薇科樱属落叶乔木，高4～10 m；树皮黄褐色，片状剥落。小枝灰褐色或红褐色，幼时有短柔毛。单叶互生，叶片长椭圆形、菱状卵形或倒卵状长圆形，长4～8 cm，先端尾尖或短渐尖，基部圆形或宽楔形，边缘具细锐锯齿，背面散生紫褐色腺体，沿中脉有短柔毛；叶柄长1～2 cm，有时有2腺体。总状花序基部无叶，长5～7 cm；花直径约1 cm；花萼有毛；花瓣白色，长倒卵形；雄蕊25～30；心皮1；花柱与雄蕊近等长。核果近球形，直径约5 mm，紫褐色。花期5月；果期8～9月。

　　产于我国东北；生于海拔950～2000 m的山区。

　　木材轻韧，供制作家具、小器具等用；为绿化、观赏和蜜源树种。

叶枝

树皮

参 考 文 献

[1] 中国科学院植物研究所. 中国高等植物图鉴：第一册 [M]. 北京：科学出版社，1972.

[2] 中国科学院植物研究所. 中国高等植物图鉴：第二册 [M]. 北京：科学出版社，1972.

[3] 中国科学院中国植物志编辑委员会. 中国植物志：第七卷 [M]. 北京：科学出版社，1978.

[4] 中国科学院中国植物志编辑委员会. 中国植物志：第二十卷第二分册 [M]. 北京：科学出版社，1984.

[5] 中国科学院中国植物志编辑委员会. 中国植物志：第二十一卷 [M]. 北京：科学出版社，1979.

[6] 中国科学院中国植物志编辑委员会. 中国植物志：第二十二卷 [M]. 北京：科学出版社，1998.

[7] 中国科学院中国植物志编辑委员会. 中国植物志：第二十三卷第一分册 [M]. 北京：科学出版社，1998.

[8] 中国科学院中国植物志编辑委员会. 中国植物志：第二十八卷 [M]. 北京：科学出版社，1980.

[9] 中国科学院中国植物志编辑委员会. 中国植物志：第二十九卷 [M]. 北京：科学出版社，2001.

[10] 中国科学院中国植物志编辑委员会. 中国植物志：第三十卷第一分册 [M]. 北京：科学出版社，1996.

[11] 中国科学院中国植物志编辑委员会. 中国植物志：第三十五卷第二分册 [M]. 北京：科学出版社，1979.

[12] 中国科学院中国植物志编辑委员会. 中国植物志：第三十六卷 [M]. 北京：科学出版社，1974.

[13] 郑万钧. 中国树木志：第一卷 [M]. 北京：中国林业出版社，1983.

[14] 郑万钧. 中国树木志：第二卷 [M]. 北京：中国林业出版社，1985.

[15] 郑万钧. 中国树木志：第三卷 [M]. 北京：中国林业出版社，1997.

[16] 华北树木志编写组. 华北树木志 [M]. 北京：中国林业出版社，1984.

[17] 河北植物志编辑委员会. 河北植物志：第一卷 [M]. 石家庄：河北科学技术出版社，1986.

[18] 贺士元，邢其华，尹祖棠. 北京植物志：上册 [M]. 北京：北京出版社，1984.

[19] 孙立元，任宪威. 河北树木志 [M]. 北京：中国林业出版社，1997.

[20] 陈植. 观赏树木学 [M]. 北京：中国林业出版社，1984.

中文名称索引

拉丁文名称索引